无人机航拍实战

128例

飞行+航拍+后期完全攻略

▶ 修订升级版 ◀

赵高翔　龙飞　编著

清华大学出版社

北京

<h1 style="text-align:center">内 容 简 介</h1>

本书从飞行线、航拍线、后期线这三条线展开讲解，力求帮助读者快速成为无人机飞行航拍与后期处理的高手！同时本书也适合用作 CAAC、AOPA、UTC、ASFC 等考证的教材，随书赠送了教学视频、PPT 教学课件和电子教案。

【飞行线】详细介绍了 DJI GO 4 App 的各项飞行参数设置、确保初次安全飞行的技巧、航拍飞行的风险规避技巧、无人机对飞行环境的要求、空中飞行的动作与方式、智能飞行模式的应用以及航拍的构图技巧等内容。

【航拍线】详细介绍了风景照片、湖泊照片、古建筑照片、海岛风景照片、璀璨夜景照片、桥梁车流照片、日落晚霞照片、高原雪山照片、海边风光视频、城市风光视频以及家乡风光视频的航拍技巧，帮助读者步步精通。

【后期线】详细介绍了手机醒图 App 处理照片与剪映手机版处理视频的技巧，还详细讲解了通过计算机精修照片与处理视频的方法，让读者能快速获取后期处理的实用知识。

本书适合由爱好玩无人机转向学摄影的人员和由爱好摄影转向玩无人机航拍的人员阅读，也适合因工作需要深入学习航拍照片和视频的记者、摄影师等人阅读，还可以用作无人机航空摄影类课程的教材或者学习辅导用书。

图书在版编目（CIP）数据

无人机航拍实战 128 例：飞行+航拍+后期完全攻略：修订升级版 / 赵高翔，龙飞编著. —北京：清华大学出版社，2024.3

ISBN 978-7-302-65662-3

Ⅰ．①无… Ⅱ．①赵… ②龙… Ⅲ．①无人驾驶飞机－航空摄影 Ⅳ．①TB869

中国国家版本馆 CIP 数据核字（2024）第 048253 号

责任编辑：刘　洋
封面设计：徐　超
版式设计：张　姿
责任校对：王凤芝
责任印制：曹婉颖

出版发行：清华大学出版社
　　　　　网　　　址：https://www.tup.com.cn，https://www.wqxuetang.com
　　　　　地　　　址：北京清华大学学研大厦 A 座　　　邮　　编：100084
　　　　　社 总 机：010-83470000　　　　　　　　　邮　　购：010-62786544
　　　　　投稿与读者服务：010-62776969，c-service@tup.tsinghua.edu.cn
　　　　　质 量 反 馈：010-62772015，zhiliang@tup.tsinghua.edu.cn
印 装 者：小森印刷霸州有限公司
经　　销：全国新华书店
开　　本：185mm×260mm　　印　张：17.5　　字　数：414 千字
版　　次：2024 年 5 月第 1 版　　印　次：2024 年 5 月第 1 次印刷
定　　价：99.00 元

产品编号：101303-01

序 言
PREFACE

　　我渴望飞翔，无论用什么样的方式，但是我没有翅膀。我希望用一种方式让自己的身体与灵魂长出一对翅膀。感谢这个时代，感谢基础物理学、机电、自动化控制等科学技术的不断进步，感谢先进技术不断向民用领域的延伸应用，还需要感谢的是一直拥有一颗热爱美、期望创造美的心灵的自己。

　　从早年学习绘画开始，我便对自己想象世界里的各种或真或假的样子，以一幅又一幅画的模样填充在脑海中。直到数码相机时代的到来，使我终于可以肆意发挥，用真正的画面去记录我走过的那些路途与见到的风景，并使用计算机把脑海中想象的那些色彩与元素在照片中进行装扮与渲染。

　　在这个过程刚开始的一天，我搭乘了从西安飞往拉萨的航班。当飞机进入藏区深处时，我用相机拍摄下了窗外西藏大地上层层涌动的雪山与冰川，也记录下了藏地上一道道深邃的山谷与河流，然后把这些图片发布在一个我曾经用过的摄影网站上，没想到这些作品得到了许多令我热血沸腾的评论与赞扬。这一次的经历一直让我印象深刻，推动着我用相机去记录美好世界，也正因如此，才有了后来鼓起最大的勇气努力去拍摄美景的自己，也是因为这一组获得反响良好的照片，我的心灵里才有了关于天空、关于飞翔、关于俯瞰世界的思绪萌芽。

　　在过去的年代里，航拍无疑是成本高昂的，但当那些画面在荧幕前、纸张上呈现出来的时候，我们的内心总是不断被震撼。再早之前，航拍无疑也是高风险的，甚至有摄影师为此献出了宝贵的生命，但依然无法阻挡摄影人对航拍这种拍摄形式的痴迷与追求。航拍的魅力吸引着摄影人不断地投入资金与精力去实现梦想，就算没有条件，也要创造条件去完成。甚至有人花巨资租用直升机来实现航拍；也有人把相机装在气球、航模上实现航拍；还有人用自制飞控把各种部件装配起来实现航拍。

　　我对新鲜玩物总是充满好奇，又因自己"理工男"的专业背景，我对飞机这类玩物一直颇为关注，在小型民用无人航拍器诞生伊始，我就密切关注了这一领域的动态。

小型民用无人航拍器发展初期，民用无人航拍器无论在价格，还是在操作便捷程度上，实际上都不亲民，在成像质量上也有一些缺憾，但我能预感到，用不了太多时日，这一切都会像从胶片相机时代步入数码相机时代那样发生排山倒海的变革，让更多摄影人、观众找到一种新的令人疯狂的影像记录手段，让影像创作者寻得新的自我价值实现之路。

事实确实如此，整个过程不是只有一次变革，也不是只有一次疯狂。每当民用无人航拍器更新迭代的时候，我就一次又一次地被撼动。从刚开始使用1/2.3英寸感光底片到后来进化至1英寸感光底片，这是一次质的飞跃；从需要占用一个背包空间的机身体积，到后来进步至折叠后不超过单反相机大小却依旧保留1英寸的感光底片，这又是一次质的飞跃。经历了数次飞跃式的迭代升级后，当下的无人航拍器已经完全可以满足民用摄影的需求，无人机已经真正成为摄影创作、旅行影像记录等影像拍摄和应用领域中不可或缺的工具。

当我拥有无人机这个拍摄工具后，无论是近在家门口还是远行万里的拍摄，我都已经彻底离不开它，甚至在很多次的拍摄中，它成为我的主力器材。我穿越过人山人海，也飞跃过山与大海，无人机帮助我实现了年少时关于天空、关于飞翔、关于俯瞰世界的那些梦想。尽管无人机有高度与飞行时间的限制，也有许多飞行制度的约束，但它已经为我那些原本浮现在脑海中的一幅又一幅画面插上了腾飞的翅膀，使其变得鲜活，变得触手可及，成了令人惊叹的具象，成了直击心灵的震撼。

在与无人机航拍器相处的多年时光里，我在器材官方参数资料里寻找信息，从各种论坛帖子里翻阅知识，于早年绘画经历和相机拍摄经验中提炼美术感，从不断尝试从计算机图像处理实践中寻求符合航拍摄影的后期处理技巧，从图片发布中取得的各种反馈，从与各种机构、公司的合作经验中提炼无人机航拍的实务策略，从艺术理论，尤其是摄影史书籍资料中琢磨出无人机航拍摄影的意义。涉及的渠道与内容非常之多，这也是我学习无人机航拍从入门到精通走过的路程。

而现在，感谢清华大学出版社的大力支持与协助，帮助我把无人机航拍摄影这种拍摄方式的来龙去脉整理成册，编写成本书。本书从器材进化史到飞行拍摄风险防范、从无人机基础参数含义到飞行拍摄操控技巧训练、从基础构图理论到大片拍摄实战、从手机快捷修图到计算机图片精修、从航拍影像创作到航拍作品传播，用128招式的实战指导，力求帮助读者实现从无人机航拍的基础入门到精通的进化，用无人机航拍全知识链条与全方位实践范例，帮助无人机航拍者少走一些弯路。这些内容同样可以帮助已经开始无人机航拍的摄影人产生一些新思路，起到抛砖引玉的作用。

本书内容分为四大篇，涵盖了14章专题精讲，具有以下六大特色。

（1）**实操案例体例独特。**市场上首本以实操的干货技巧＋案例的无人机航拍学习教程，分别以序号为001、002、003的命名方式，让读者学一招赚一招！

（2）**128个最常用技巧。**市场上同类书比较传统，理论偏多，而本书精选128个经典技巧＋案例，都是针对航拍者的痛点、难点编写的，性价比高！

（3）**原创独家内容揭秘。**书中许多内容是作者深度研究无人机航拍后提炼出来的内容，在同类书中均未出现过，可谓人无我有！

（4）**实拍照片截图解说。**本书对DJI GO 4 App的操作界面进行了实操过程的截图，并进行了详细介绍，帮助初拍者克服心理恐慌。

（5）**大疆航拍师经验放送。**本书作者有10年的航拍经验，多次进行航拍和教学的经验总结，帮助无人机航拍者从小白到达人，从新手成为高手！

（6）**附赠教学视频。**本次升级，特意实拍附赠了无人机飞行＋手机和计算机照片、视频后期处理的教学视频，扫码即可观看，让大家可以边看边学，会拍也会制作！

在编写本书时，是基于软件截图的实际操作图片，但本书从编辑到出版需要一段时间，在这段时间里，软件界面与功能可能会有调整与变化，如有内容删除或增加，这是软件开发商做的更新，均属正常现象，请在阅读时，根据书中的思路，举一反三，进行学习即可，不必拘泥于细微的变化。

读者可以用微信扫一扫下面的二维码，关注官方微信公众号，输入本书的资源下载码，根据提示获取随书附赠的超值资料包的下载地址及密码。

扫码获取航拍素材　　扫码获取航拍效果

本书由赵高翔、龙飞主编，参与编写的人员有胡杨、邓陆英等人，由于作者知识水平有限，书中难免存在错误和疏漏之处，恳请广大读者批评指正。

感谢打开了这本书的你，期待着你也可以用无人机航拍的方式记录并分享这个美好的世界。

赵高翔

大疆 Mavic 2 与 Mavic 3 的对比说明

鉴于部分读者用户使用的是大疆 Mavic 2 系列的无人机，有的则是使用大疆 Mavic 3 系列的无人机，为了方便大家学习，在这里，笔者将两者的共性与区别做一个说明，为用户提供更多的选择。

根据笔者的实际使用经验，大疆 Mavic 2 与 Mavic 3 的共性有如下五个。

一是飞行中的注意事项是一样的：无论是飞行哪一款无人机，在飞行前和飞行时，以及飞行后所要注意的事项都是大同小异的。顺利起飞、安全飞行、平稳降落是每个飞手都要做到的基本操作。

二是取景构图的技巧是一致的：对比摄影人而言，把无人机飞到高空中的主要目的还是拍摄，无论是拍照片还是拍视频，学会取景构图可以让我们的图像画面更有高级感，航拍出极具艺术感的大片。

三是飞行动作和智能模式是相通的：在飞行无人机的时候，书中列举教学的飞行动作和智能飞行模式，在 Mavic 2 和 Mavic 3 中都是相通的。用户只要掌握了这些飞行要领，就可以驾驭任何一款无人机。

四是后期处理的方法是相同的：无论是用 Mavic 2 还是 Mavic 3，在拍摄完照片和视频之后，都需要对素材进行一定的后期处理；无论是用电脑还是用手机处理素材，书中都有详细的介绍和教学，让你便捷又快速地制作出大片。

五是 Mavic 2 与 Mavic 3 的用户有部分重合：基于 Mavic 2 的用户多于 Mavic 3，本书写作以 Mavic 2 为主做介绍。本篇对比说明更是为了照顾到两种机型的用户，让大家既可以了解和学习 Mavic 2 的飞行，又能升级与学习 Mavic 3 的新功能，这样同时掌握两种无人机的共性与区别。

大疆 Mavic 2 与 Mavic 3 的主要区别有三个。

一是界面功能的变化：大疆 Mavic 2 所使用的 DJI GO 4 App，功能和模式主要集中在界面的左侧；大疆 Mavic 3 所使用的 DJI Fly App，功能和模式主要集中在界面的右侧，但是大部分的功能没有很大的差别。

二是电池续航的差别：大疆 Mavic 2 的电池容量为 3850 毫安，最大飞行时间为 31 分钟；大疆 Mavic 3 的电池容量为 5000 毫安，最大飞行时间为 46 分钟。

三是镜头变焦差别：大疆 Mavic 3 增加了 7 倍变焦，但在 3 倍至 4 倍焦距下的图像画质会相对较好一些。

其他功能与界面的区别如下。

1. 功能参数对比

目前，大疆御系列的无人机已更新到御3版本，也就是 Mavic 3。下面介绍大疆 Mavic 2 与 Mavic 3 的对比说明，如表 0-1 所示。

表0-1　大疆Mavic 2与Mavic 3的对比说明

规格参数	Mavic 2	Mavic 3
外观		
重量	907克	899克（大师版Cine） 895克（标准版）
尺寸（折叠/展开）	折叠（不含螺旋桨）212.86×99.83×93.04毫米（长×宽×高） 展开（不含螺旋桨）319.55×256.46×90.5毫米（长×宽×高）	折叠（不含螺旋桨）212×96.3×90.3毫米（长×宽×高） 展开（不含螺旋桨）347.5×283×107.7毫米（长×宽×高）
轴距	对角线：353.66毫米	对角线：380.1毫米
最大上升速度	5米/秒（S模式） 4米/秒（P模式）	6米/秒（P模式） 8米/秒（S模式）
最大下降速度	3米/秒（S模式） 3米/秒（P模式）	6米/秒（P模式） 6米/秒（S模式）
最大飞行速度（接近海平面，无风）	20米/秒（S模式）	21米/秒（S模式）
最大飞行海拔高度	5000米	6000米
最大飞行时间（无风）	31分钟	46分钟
最大悬停时间（无风）	29分钟	40分钟
最大风速阻力	8～10.7米/秒	10.8～13.8米/秒
最大倾斜角度	35°（S模式） 15°（P模式）	35°（S模式） 30°（P模式）
悬停精度范围	垂直：±0.1米（带视觉定位）；±0.5米（带GPS定位） 水平：±0.3米（带视觉定位）；±1.5米（带GPS定位）	垂直：±0.1米（带视觉定位）；±0.5米（带GPS定位） 水平：±0.3米（带视觉定位）；±0.5米（带GPS定位）
工作温度	−10～40℃（14°～104°F）	−10～40℃（14°～104°F）
全球导航卫星系统	GPS + GLONASS	GPS + 伽利略 + 北斗
传感器	1英寸CMOS，有效像素：20MP	4/3CMOS，有效像素：20MP
镜片	FOV：77° 等效格式：28毫米 光圈：f/2.8～f/11 对焦：1米至∞（带自动对焦）	FOV：84° 等效格式：24毫米 光圈：f/2.8～f/11 对焦：1米至∞（带自动对焦）

规格参数	Mavic 2	Mavic 3
最大图像尺寸	5472×3648	哈苏相机：5280×3956 长焦相机：4000×3000
静态摄影模式	单拍：20MP 连拍：3/5包围帧 定时：2/3/5/7/10/15/20/30/60秒 RAW：5/7/10/15/20/30/60秒	单次拍摄：20MP 自动包围曝光（AEB）：20MP， 0.7EV下的3/5包围帧 定时：20MP 2/3/5/7/10/15/20/30/60秒
视频分辨率	100Mbps	H.264/H.265 比特率：H.264 Max 200Mbps，H.265 Max 140Mbps
视频格式	MP4/MOV（MPEG-4 AVC/H.264、 HEVC/H.265）	Mavic 3：MP4/MOV (MPEG-4 AVC/ H.264, HEVC/H.265) Mavic 3 Cine：MP4/MOV(MPEG-4 AVC/ H.264,HEVC/H.265)；MOV（Apple ProRes 422 HQ）
机械范围	倾斜：-135°～45° 平移：-100°～100°	倾斜：-135°～100° 滚动：-45°～45° 平移：-27°～27°
可控范围	倾斜：-90°～30° 平移：-75°～75°	倾斜：-90°～35° 平移：-5°～5°
最大控制速度（倾斜）	120°/秒	100°/秒
传感系统	全方位障碍物感应（前、后、下双目视觉、左右单眼视觉、上、下红外感应系统）	全方位障碍物感应（前、后、左、右、上、下双目视觉，单目视觉和向下红外感应系统）
最大传输距离（无障碍、无干扰、与控制器对齐）	2.400～2.483GHz；5.725～5.850GHz FCC：10公里 CE：6公里 SRRC：6公里 MIC：5公里	2.400～2.483GHz；5.725～5.850GHz FCC：15公里 CE：12公里 SRRC：8公里 MIC：8公里
视频传输系统	OcuSync 2.0	O3+
远摄镜头传感器	不适用	1/2英寸CMOS
内部存储器	8GB	8GB
最大下载比特率	40Mbps	SDR：5.5MB/s（带RC-N1遥控器）； 15MB/s（使用DJI RC Pro） Wi-Fi 6：80MB/s
操作频率	2.400～2.483GHz 5.725～5.850GHz	2.400～2.4835GHz 5.725～5.850GHz
天线	2根天线，1T2R	4根天线，2T4R
电池容量	3850毫安	5000毫安
电池重量	297克	335.5克
充电温度	5～40℃（41°～104°F）	5～40℃（41°～104°F）
充电器输入	100～240V，50/60Hz，1.8A	100～240V交流电，47～63Hz，2.0A

续表

规格参数	Mavic 2	Mavic 3
USB-A端口	USB端口：5V—2A	USB-A：5V—2A
充电管家额定功率	60瓦	65瓦
充电管家充电类型	4节电池依次充电	3节电池依次充电
车充输入	汽车电源输入：12.7V至16V—10Amax	车载电源输入：12.7V至16V—6.5A，额定电压14VDC
车充额定功率	80瓦	65瓦
支持的SD卡	支持容量高达128GB的microSD卡，传输速度为UHS-I Speed Grade 3	SDXC或UHS-I microSD卡，容量高达2TB
遥控器传输系统	Ocu Sync 2.0	Ocu Sync 2.0
电池寿命	充满电可续航约2.5小时	未给移动设备充电情况下：6小时 给移动设备充电情况下：4小时
支持的USB端口类型	Lighting、Micro-USB、USB Type-C	Lighting、Micro-USB、USB Type-C

2. 飞行界面对比

大疆 Mavic 2 所适用的飞行 App 与大疆 Mavic 3 也有所区别。大疆 Mavic 2 可连接 DJI GO 4 App，大疆 Mavic 3 连接的是 DJI Fly App，下面介绍两款软件的飞行界面区别。

（一）下面详细介绍 DJI GO 4 App 图传飞行界面中的各按钮含义及功能（见图 0-1）。

图0-1　DJI GO 4无人机图传飞行界面

❶ 主界面 DJI：点击该图标，将返回 DJI GO 4 的主界面。

❷ 飞行器状态提示栏 **飞行中（GPS）**：在该状态栏中，显示了飞行器的飞行状态，如果无人机处于飞行中，则显示"飞行中"；如果处于准备起飞状态，则显示"起飞准备完毕"。

❸ 飞行模式 **Position**：显示了当前的飞行模式，点击该图标，将进入"飞控参数设置"界面，在其中可以设置飞行器的返航点、返航高度以及新手模式等，用户还可以切换 3 种飞行模式，如 S 模式、P 模式以及 T 模式，上下滑动屏幕，可以进行相关设置。

❹ GPS 状态 **16**：该图标用于显示 GPS 信号的强弱，如果只有一格信号，则说明当前 GPS 信号非常弱，如果强制起飞，会有炸机和丢机的风险；如果显示五格信号，对说明当前 GPS 信号非常强，用户可以放心在室外起飞无人机设备。

❺ 障碍物感知功能状态 **C**：该图标用于显示当前飞行器的障碍物感知功能是否能正常工作，点击该图标，将进入"感知设置"界面，在其中可以设置无人机的感知系统、雷达图以及辅助照明等。

❻ 遥控链路信号质量 **山**：该图标显示遥控器与飞行器之间遥控信号的质量，如果只有一格信号，则说明当前信号非常弱；如果显示五格信号，对说明当前信号非常强。点击该图标，可以进入"遥控器功能设置"界面。

❼ 高清图传链路信号质量 **HD**：该图标显示飞行器与遥控器之间高清图传链路信号的质量，如果信号质量高，则飞行界面中的图传画面稳定、清晰；如果信号质量差，则可能会出现画面卡顿，或者手机屏幕上的图传画面出现中断。

❽ 电池设置 **70%**：可以实时显示当前无人机设备电池的剩余电量，如果飞行器出现放电短路、温度过高、温度过低或者电芯异常，界面中都会给出相应的提示。点击该图标，可以进入"智能电池信息"界面。

❾ 通用设置 **•••**：点击该按钮，可以进入"通用设置"界面，在其中可以设置相关的飞行参数、直播平台以及航线操作等。

❿ 自动曝光锁定按钮 **AE**：点击该按钮，可以锁定当前的曝光值。

⓫ 拍照 / 录像切换按钮 **⟳**：点击该按钮，可以在拍照与拍视频之间进行切换，当用户点击该按钮后，将切换至拍视频界面，按钮也会发生相应变化，变成录像机的按钮 **⟳**。

⓬ 拍照 / 录像按钮 **○**：点击该按钮，可以开始拍摄照片；或者开始录制视频画面，再次点击该按钮，将停止视频的录制操作。

⓭ 拍摄参数调整按钮 **⚙**：点击该按钮，在弹出的面板中，可以设置拍照与录像的各项参数。

⓮ 素材回放按钮 **▶**：点击该按钮，可以回看自己拍摄过的照片和视频文件，查看拍摄效果。

⓯ 相机参数 **100 1/400 5.6 -1.3 5600K JPEG 938**：显示当前相机的拍照 / 录像参数，以及剩余的可拍摄容量。

⓰ 对焦 / 测光切换按钮 **⊡**：点击该按钮，可以切换对焦和测光的模式，对画面对焦。

⓱ 飞行地图与状态 **⬦**：该图标是以高德地图为基础，显示了当前飞行器的姿态、

飞行方向以及雷达功能，点击地图图标，即可放大查看地图，可以查看飞行器目前的具体位置。

⑱ 自动起飞/降落 📷：点击该按钮，可以使用无人机的自动起飞与自动降落功能。

⑲ 智能返航 📷：点击该按钮，可以使用无人机的智能返航功能，可以帮助用户一键返航无人机。用户需要注意的是，在使用一键返航功能时，一定要先更新返航点，以免无人机飞到了其他地方，而不是用户当前所站的位置。

⑳ 智能飞行 📷：点击该按钮，可以使用无人机的智能飞行功能，如兴趣点环绕、一键短片、延时摄影、智能跟随以及指点飞行等模式。

㉑ 避障功能 📷：点击该按钮，将弹出"安全警告"提示信息，提示用户在使用遥控器控制飞行器向前或向后飞行时，将自动绕开障碍物，点击"确定"按钮，即可开启该功能。

（二）下面详细介绍DJI Fly图传飞行界面中的各按钮含义及功能（见图0-2）。

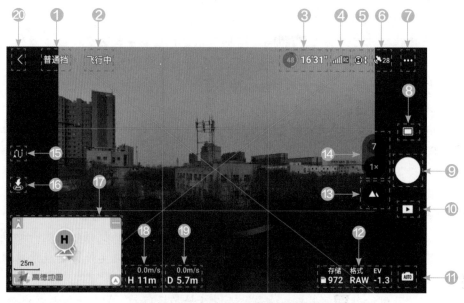

图0-2 DJI Fly无人机图传飞行界面

❶ 飞行挡位 普通挡：点击该图标，可以切换3种飞行模式，有普通挡、平稳挡和运动挡。

❷ 飞行器状态提示栏 飞行中：在该状态栏中，显示飞行器的飞行状态以及各种警示信息。如果无人机处于飞行中，则显示"飞行中"；异常状态时，点击可查看详细信息。

❸ 电池电量和时间 📷：显示当前智能飞行电池电量百分比及剩余可飞行时间。

❹ 图传信号 📷：该图标显示遥控器与飞行器之间遥控信号的质量，如果只有一格信号，则说明当前信号非常弱；如果显示五格信号，对说明当前信号非常强。

❺ 视觉系统状态 📷：图标白色表示视觉系统工作正常；红色表示工作异常，此时

无法躲避障碍物。

⑥ 显示 GNSS 信号强弱 ：点击可查看 GNSS 具体信号强度，当图标显示为白色时，表示 GNSS 信号良好，可刷新返航点。

⑦ 系统设置 ●●● ：包括安全、操控、拍摄、图传和关于界面。

⑧ 拍摄模式 ▣ ：点击该按钮，可以进入大师镜头、一键短片等模式。

⑨ 拍摄按钮 ○ ：点击该按钮，可以拍照 / 录像。

⑩ 回放按钮 ▶ ：点击该按钮，可以查看拍摄的素材。

⑪ 相机挡位切换 AUTO ：在拍照模式下，支持切换手动挡或自动挡，不同挡位下可设置的参数会不同。

⑫ 拍摄参数 存储·格式·EV ▤972 RAW -1.3 ：可以查看存储内存、拍摄格式和曝光补偿参数。

⑬ 切换对焦 ▲ ：点击该按钮，可切换对焦方式，也可长按展开对焦刻度条。

⑭ 焦距参数 ▮ ：可以设置焦距倍数，最高为 7 倍。

⑮ 航点飞行 ⚲ ：点击该按钮，可以开启航点飞行。

⑯ 智能返航 ⚓ ：点击该按钮，可以使用无人机的智能返航功能，可以帮助用户一键返航无人机。

⑰ 地图 ▦ ：点击可切换至姿态球，显示飞行器机头朝向、倾斜角度，遥控器、返航点位置等信息。

⑱ 飞行高度和速度 0.0m/s H 11m ：H 显示飞行器与返航点垂直方向的距离，0.0m/s 显示飞行器在垂直方向的飞行速度。

⑲ 飞行距离和速度 0.0m/s D 5.7m ：D 显示飞行器与返航点水平方向的距离，0.0m/s 显示飞行器在水平方向的飞行速度。

⑳ 返回按钮 ⟨ ：点击该按钮，返回上一级界面，也就是回到 DJI Fly 的主界面。

目 ⊙ 录
CONTENTS

新手入门篇

第 1 章

快速入门：
9招成为无人机内行人士

学 | 习 | 提 | 示 ————————————————————

　　无人机是指无人驾驶飞机，是一种利用无线电遥控设备来操纵飞机的技术。按用途分类，无人机可分为军用与民用两种类型。在民用方面，无人机涉及农业、植物保护、观察野生动物、影视拍摄等领域，已经逐渐成为刚需，在航空摄影领域更是应用广泛。本章主要介绍无人机的相关入门知识，帮助读者初步了解无人机，以及如何选择适合自己的无人机。

001
了解无人机的发展和种类

大家听到"无人机"这个词，可能会把它与军事战争联系在一起。无人机技术在第二次世界大战后期，得到了飞速的发展和进步，以前的无人机专门用于进行空中监测，侦探敌方军情。而当代的无人机，其应用领域已经非常广泛了，无人机不只限于军事领域，在其他的领域也有很多用途，它现在也是航拍爱好者最喜欢的设备。

在很早以前，没有无人机的时候，航模爱好者们都是自己亲手制作无人机，用于摄影和航拍。现在大疆公司开发了很多小巧、轻便、易携带的无人机，这也是无人机迅速火热起来的原因。图 1-1 所示为大疆御系列无人机。

图1-1 大疆御系列无人机

下面简单介绍一下无人机的发展史，如图 1-2 所示。

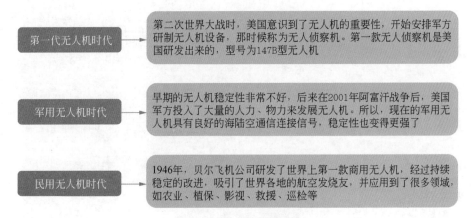

| 第一代无人机时代 | → | 第二次世界大战时，美国意识到了无人机的重要性，开始安排军方研制无人机设备，那时候称为无人侦察机。第一款无人侦察机是美国研发出来的，型号为147B型无人机 |

| 军用无人机时代 | → | 早期的无人机稳定性非常不好，后来在2001年阿富汗战争后，美国军方投入了大量的人力、物力来发展无人机。所以，现在的军用无人机具有良好的海陆空通信连接信号，稳定性也变得更强了 |

| 民用无人机时代 | → | 1946年，贝尔飞机公司研发了世界上第一款商用无人机，经过持续稳定的改进，吸引了世界各地的航空发烧友，并应用到了很多领域，如农业、植保、影视、救援、巡检等 |

图1-2 无人机的发展史

大疆是目前世界范围内航拍平台的领先者，先后研发出不同的无人机系列，如大疆精灵系列（Phantom）、御系列（Mavic）以及悟系列（Inspire）等，都受到了航拍爱好者的青睐。下面对这三种无人机系列进行介绍。

1. 大疆精灵（Phantom）系列

大疆的精灵系列（Phantom）是一款便携式的四旋翼飞行器，它引发了航拍领域的重大变革，这是一款入门级的无人机，专门针对航拍初级爱好者，机型在设计上非常简单，结构不复杂，用户购买后只需要简单进行组合安装，就可以带着无人机出去航拍了，不需要用户调试设备。图1-3所示为大疆精灵4无人机。

图1-3　大疆精灵4无人机

根据大疆精灵系列（Phantom）的发展史，该系列无人机包括大疆精灵1、大疆精灵2、大疆精灵3、大疆精灵4等不同型号，下面以图解的形式对各种型号进行简单介绍，如图1-4所示。

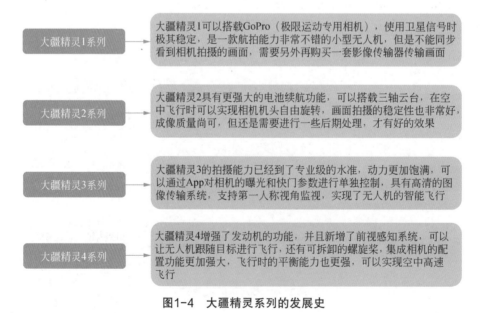

大疆精灵1系列	大疆精灵1可以搭载GoPro（极限运动专用相机），使用卫星信号时极其稳定，是一款航拍能力非常不错的小型无人机，但是不能同步看到相机拍摄的画面，需要另外再购买一套影像传输器传输画面
大疆精灵2系列	大疆精灵2具有更强大的电池续航功能，可以搭载三轴云台，在空中飞行时可以实现相机机头自由旋转，画面拍摄的稳定性也非常好，成像质量尚可，但还是需要进行一些后期处理，才有好的效果
大疆精灵3系列	大疆精灵3的拍摄能力已经到了专业级的水准，动力更加饱满，可以通过App对相机的曝光和快门参数进行单独控制，具有高清的图像传输系统，支持第一人称视角监视，实现了无人机的智能飞行
大疆精灵4系列	大疆精灵4增强了发动机的功能，并且新增了前视感知系统，可以让无人机跟随目标进行飞行，还有可拆卸的螺旋桨，集成相机的配置功能更加强大，飞行时的平衡能力也更强，可以实现空中高速飞行

图1-4　大疆精灵系列的发展史

2. 大疆御（Mavic）系列

大疆御（Mavic）系列无人机与精灵系列完全不一样，御系列主打轻便、易携带的特点，起飞前和降落后，用户一只手就可以轻轻松松拿起无人机，摄影爱好者出去旅游时，携带也特别方便，不耗费体力。Mavic Pro 还能够拍摄 4K 分辨率的视频，并配备地标领航系统，具有更强大的续航能力，最长飞行时间可达 30min 左右，飞行距离可达 7km。

目前大疆的御系列无人机已更新到御 Mavic 3 版本。御 Mavic 3 系列包括御 Mavic 3 Classic 普通版、御 Mavic 3 中等版和御 Mavic 3 CINE 大师高配版，用户可以根据自己的需求和经济预算进行购买。御 Mavic 3 的机型如图 1-5 所示。

图1-5　御Mavic 3

下面以图解的形式介绍大疆御（Mavic）系列的特点，如图 1-6 所示。

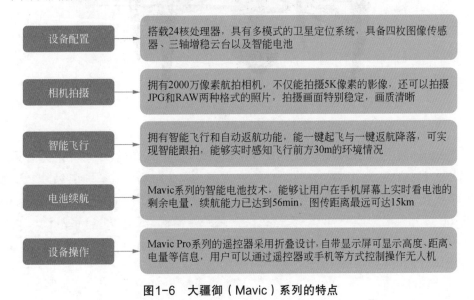

设备配置	搭载24核处理器，具有多模式的卫星定位系统，具备四枚图像传感器、三轴增稳云台以及智能电池
相机拍摄	拥有2000万像素航拍相机，不仅能拍摄5K像素的影像，还可以拍摄JPG和RAW两种格式的照片，拍摄画面特别稳定，画质清晰
智能飞行	拥有智能飞行和自动返航功能，能一键起飞与一键返航降落，可实现智能跟拍，能够实时感知飞行前方30m的环境情况
电池续航	Mavic系列的智能电池技术，能够让用户在手机屏幕上实时看电池的剩余电量，续航能力已达到56min，图传距离最远可达15km
设备操作	Mavic Pro系列的遥控器采用折叠设计，自带显示屏可显示高度、距离、电量等信息，用户可以通过遥控器或手机等方式控制操作无人机

图1-6　大疆御（Mavic）系列的特点

3. 大疆悟（Inspire）系列

大疆悟 Inspire 1 无人机是全球首款可变形的航拍无人机飞行器，支持 4K 拍摄。大疆悟 Inspire 2 系列是最新升级的系列，在影视拍摄上应用得比较多，非常适合从事高端电影、视频拍摄的创作者使用。

相较于悟 Inspire 1 无人机，悟 Inspire 2 无人机的机体采用镁铝合金可变形机身，碳纤维机臂，机身更为坚固，重量上更加轻便。悟 Inspire 2 最快飞行速度高达 30m/s，0 ～ 80km/h 的加速时间仅为 5s，最长飞行时间为 30min。

图 1-7 所示为大疆悟 Inspire 1 无人机；图 1-8 所示为大疆悟 Inspire 2 无人机。

图1-7　悟Inspire 1无人机

图1-8　悟Inspire 2无人机

悟 Inspire 2 无人机具有全新的前置立体视觉传感器，它可以感知前方最远 30m 的障碍物，具有自动避障功能，这个功能在大疆的御（Mavic）系列也有。悟 Inspire 2 机体装有 FPV(First Person View，第一人称主视角) 摄像头，内置全新图像处理系统 Cine Core(电影核心)2.0，支持各种视频压缩格式，其动力系统也进行了全面升级，上升最大速度为 6m/s，下降最大速度为 9m/s，悟 Inspire 2 无人机主、从遥控器的连接距离最远可达 100m。

002 如何选择适合自己的无人机

现在无人机的类型如此之多，我们应该如何选择一款适合自己的无人机呢？首先，这要根据自己的用途来做出选择。问问自己：你购买无人机主要是用来做什么？是只想简单玩玩，还是用于专业的航空拍照？还是用于拍电影、电视剧？或者是用于农业领域？不同的用途，适合的无人机设备也不同，下面进行相关介绍。

1. 适合新手的无人机

如果是你一个拍摄新手，完全不懂无人机，只想学一些简单的无人机拍摄技术，给自己的职业添上一项新技能，那么建议你先买一款入门级的无人机，价格上要便宜，挑选性价比较高的，主要用于日常训练。待日后飞行技术进步了，再购买功能强大的无人机。

为什么要先买便宜的呢？这是为了防止炸机，将自己的损失降到最低。在无人机的圈子里，经常有新手由于不熟悉无人机的操作，不了解无人机的注意事项，从而导致炸机、丢机。就算购买大疆最便宜的无人机，至少也要几千元，如果炸机或者飞丢了，也会损失几千元，那么就太可惜了。

所以，最好买一个便宜的无人机开始入手学习。虽然无人机分了诸多品牌和种类，但其功能大同小异，就算最后自己不慎将其摔坏了，也没那么心疼。市面上有很多便宜的无人机，大多在100 ~ 300元之间，而且还带有相机功能，我们也可以称其为"遥控玩具飞机"，很适合新手使用，如图1-9所示。

图1-9 适合新手的无人机

2. 适合影视拍摄的无人机

我们在电视剧或者电影中，经常看到很多大场面的航拍画面。这些画面大部分都是用无人机拍摄出来的。如果你的用途是拍摄影视作品，那么建议你选择大疆的悟Inspire系列。悟Inspire 2无人机作为全新的专业影视航拍平台，非常适合用于拍摄影视剧画面，它能拍摄4K的视频，就算是在强光下拍摄，也能看到清晰的图传画面。

3. 适合摄影爱好者的无人机

如果你是一位专业的摄影师，或者是一名摄影爱好者，有一定的航拍经验，想通过航拍来提升自己的拍摄能力和摄影水平，此时你可以选择大疆的御（Mavic）系列无人机，它拥有1200万像素的航拍相机，而且携带轻便，方便你带着它到全国各地去旅行、航拍，留下世间最美的风景。图1-10所示为使用大疆御系列无人机航拍的风景照片。

图1-10　使用大疆御系列无人机航拍的风景照片

003
购买无人机时的物品清单

在购买无人机时，尤其是在购买之前，用户一定要熟知无人机有哪些物品清单，而且验货的时候要一一核对、验证，否则可能会出现配件缺少的情况，一个小配件可能不值多少钱，但专门购买或者再用几天去等待收货，也是非常不划算的，所以验货的时候一定要仔细，理清物品清单。

下面以大疆御Mavic 3无人机为例，官方标配的物品清单列表如下。

① 飞行器：1个。

② 遥控器：1个。

③ 降噪螺旋桨：3对。

④ 智能飞行电池：1块。

⑤ 收纳保护罩：1个。

⑥ 遥控器转接线：3根，包含标准Micro-USB接头1根、USB转Tpye-C接头1根、Lightning接头1根。

⑦ 便携充电器：1个。

⑧ 数据线：USB 3.0 Type-C数据线1根。

⑨ 遥控器摇杆：1对。

物品清单如图1-11所示。

这里说明一下，御Mavic 3自带8GB机载内存，后续用户可以自行购买内存卡扩展容量。建议用户自行购买内存卡来扩展容量，而且Mavic 3无人机只有一块电池，每次只能飞46min左右，因此建议用户再购买1~2块电池备用。

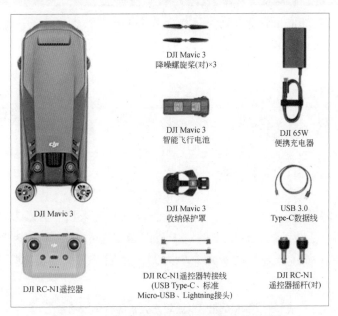

图1-11 大疆御Mavic 3官方标配的物品清单

　　用户在购买无人机的时候也可以直接升级套餐，如选择购买官网的"畅飞套装"套餐，就可以拥有1个带屏遥控器、1套ND镜（Neutral Density Filter，中性灰密度镜）套装、3块电池、6对桨叶、1个充电管家、1个多功能收纳包和标配配件。用户可以多准备一些装备，以备不时之需，让使用过程更加顺心。

　　图1-12所示为御Mavic 3系列套装对比，大家可以进行选择。

图1-12 御Mavic 3系列套装对比

专家提醒

官方标配中是没有出行背包的，这样带着无人机出行很不方便，而且官方标配只有两块电池，一块电池只能飞行30min，两块电池也才可以飞行1h，对于在室外常拍的我们来说，两块电池是远远不够的，而升级套餐里的多功能配件包非常实用，解决了我们出行的刚需。

004 掌握无人机的规格参数

我们需要根据自己的实际需求，选择适合自己的无人机。在购买无人机之前，需要先了解无人机的规格参数，这些参数对于我们购买无人机。具有参考意义。

下面以大疆御 Mavic 3 专业版无人机为例，介绍无人机的具体规格参数，规格参数详见表1-1。

表1-1　御Mavic 3专业版无人机的具体规格参数

一、飞行器的规格参数		
序号	类别	参数
1	起飞重量	895g
2	最大水平飞行速度	21m/s（运动模式，海平面附近无风环境）
3	最大起飞海拔高度	6000m
4	工作环境温度	−10～40℃
5	卫星导航系统（GNSS）	GPS（全球定位系统）+Galileo（伽利略卫星导航系统）+BeiDou（中国北斗卫星导航系统）
6	工作频率	2.4GHz：穿透性较好； 5.8GHz：在无线电复杂环境下干扰会少一些
7	发射功率（EIRP）	① 2.4GHz FCC（美国联邦通讯认证）：<33dBm； CE（安全合格标准）/MIC（无线安全认证）/SRRC（国家无线电核准认证）：<20dBm； ② 5.8GHz FCC：<33dBm；CE：<14dBm；SRRC：<30dBm
二、云台的规格参数		
序号	类别	参数
1	可控转动范围：俯仰	−135°～+100°
2	可控转动范围：偏航	−27°～+27°

续表

三、相机的规格参数		
序号	类别	参数
1	影像传感器	哈苏相机：4/3 CMOS，有效像素2000万
2	镜头	视角：约84°； 等效焦距：24mm； 光圈：f/2.8至f/11； 可对焦范围：1m至无穷远
3	ISO范围	视频：100～6400； 照片：100～6400； 夜景：800～12800
4	电子快门速度	8s至1/8000s
5	最大照片尺寸	哈苏相机：5280×3956； 长焦相机：4000×3000
6	照片拍摄模式	单张拍摄；多张连拍、自动包围曝光、定时拍摄
7	录视频分辨率	5.1K：5120×2700@24/25/30/48/50fps DCI 4K：4096×2160@24/25/30/48/50/60/120*fps 4K：3840×2160@24/25/30/48/50/60/120*fps
8	视频存储最大码流	哈苏相机H.264/H.265码率：200Mbit/s
9	图片格式	JPEG/DNG（RAW）
10	视频格式	MP4/MOV（MPEG-4 AVC/H.264，HEVC/H.265）
11	支持存储卡类型	Micro SD卡，最小支持64GB容量的SD卡，最大支持512GB容量的SD卡
四、遥控器的规格参数		
序号	类别	参数
1	工作频率	2.4GHz：穿透性较好； 5.8GHz：在无线电复杂环境下干扰会少一些
2	支持的最大移动设备尺寸	DJI RC-N1 遥控器 尺寸规格：长180mm，宽86mm，高10mm； 接口类型：Lightning，Micro USB（Type-B），USB-C
3	工作环境温度	−10～40℃
4	最长续航时间	DJI RC-N1 遥控器 未给移动设备充电情况下：6h； 给移动设备充电情况下：4h
5	发射功率	① 2.4GHz FCC：<26dBm； CE/MIC/SRRC：<20dBm ② 5.8GHz FCC：<26dBm； CE：<14dBm； SRRC：<23dBm

续表

五、充电器的规格参数		
序号	类别	参数
1	输入	100～240V（交流电） 47～63Hz，2Ah
2	输出	USB-C：5V，5Ah，USB-A：5V，2Ah
3	额定功率	65W
六、智能飞行电池的规格参数		
序号	类别	参数
1	容量	5000mAh
2	电压	17.6V（满充电压） 15.4V（典型电压）
3	电池类型	Li-ion 4S
4	电池整体重量	约335.5g
5	充电环境温度	5～40℃
6	充电耗时	约96min（搭配DJI 65W便携充电器自带数据线）

专家提醒

冬天的时候，如果外部环境温度过低，电池可能会出现无法充电的情况，这时不要慌张，只需把电池放到温暖的环境中充电，就没有问题了。

005 认识遥控器与操作杆

御 Mavic 2 专业版无人机的遥控器采用 OCUSYNC™（同步）2.0 高清图传技术，通信距离在 8km 以内，通过手机屏幕高清显示拍摄画面。在遥控器的显示屏上，实时显示了飞行器的相关参数，遥控器的电池最长工作时间为 1.25h 左右。在无人机未使用的情况下，遥控器是折叠起来的，如图 1-13 所示。

当我们需要使用无人机时，就需要展开遥控器。我们把遥控器的天线展开，确保两根天线的平行，

图1-13　御Mavic 2专业版的遥控器

否则天线会影响飞行器的 GPS 信号与指南针信号，如图 1-14 所示。

图1-14 遥控器天线的正确方式

1. 认识遥控器各功能按钮

接下来，我们把遥控器的底端手柄打开，这个位置是用于放置手机的，然后我们来认识一下遥控器上的各功能按钮，如图 1-15 所示。

认识遥控器
各功能按钮

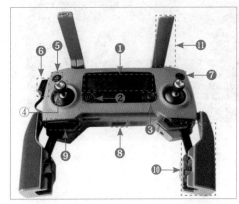 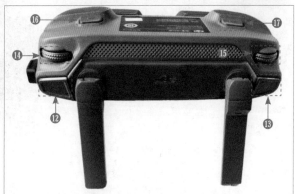

图1-15 遥控器上的各功能按钮

下面对照图 1-15 详细介绍遥控器中的各按钮含义及功能。

❶ 状态显示屏：可以实时显示飞行器的飞行数据，如飞行距离、飞行高度，以及剩余电池电量等信息。

❷ 急停按钮：用户在飞行过程中，如果中途出现特殊情况需要停止飞行，可以按下此按钮，飞行器将停止当前的一切飞行活动。

❸ 五维按钮：这是一个自定义功能键，用户可以在飞行界面点击右上角的"通用设置"按钮●●●，打开"通用设置"界面，在左侧点击"遥控器"按钮，进入"遥控器功能设置"界面，在其中可以对五维键功能进行自定义设置，如图 1-16 所示。

❹ 可拆卸摇杆：摇杆主要负责遥控飞行器的飞行方向和飞行高度，如前、后、左、右、上、下以及旋转等。

❺ 智能返航键：长按智能返航键，将发出"嘀嘀"的声音，此时飞行器将返航至最新记录的返航点，在返航过程中还可以使用摇杆控制飞行器的飞行方向和速度。

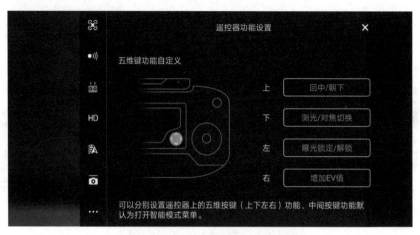

图1-16　自定义设置五维键的功能

⑥ 主图传 / 充电接口：接口为 Micro USB，该接口有两个作用：一是用于充电；二是用于连接遥控器和手机，通过手机屏幕查看飞行器的图传信息。

⑦ 电源按钮：首先短按一次电源按钮，状态显示屏上将显示出遥控器当前的电量信息；如图 1-17 所示，"88"为当前遥控器的剩余电量，然后再长按电源按钮 3s，即可开启遥控器。关闭遥控器的方法也是一样的，首先短按电源按钮一次，然后长按电源按钮 3s，即可关闭遥控器。

图1-17　"88"为当前遥控器的剩余电量

⑧ 备用图传接口：这是备用的 USB 图传接口，可用于连接 USB 数据线。

⑨ 摇杆收纳槽：当用户不再使用无人机时，需要将摇杆取下，然后把它们放进该收纳槽中。

⑩ 手柄：双手握住，将手机放在两个手柄的中间卡槽位置，用于稳定手机等移动设备。

⑪ 天线：用于接收信号信息，准确接收与传达飞行器的信号。

⑫ 录像按钮：按下该按钮，可以开始或停止视频画面的录制操作。

⑬ 对焦 / 拍照按钮：该按钮为半按状态时，可为画面对焦；按下该按钮时，可以进行拍照。

⑭ 云台俯仰控制拨轮：可以实时调节云台的俯仰角度和方向。

⑮ 光圈 / 快门调节拨轮：可以实时调节光圈和快门的具体参数。

⑯ 自定义功能按键 C1：该按钮在默认情况下，是中心对焦功能，用户可以在 DJI GO 4 App 的"通用设置"界面中，自定义设置功能按键。

⑰ 自定义功能按键 C2：该按钮在默认情况下，是回放功能，用户可以在 DJI GO 4 App 的"通用设置"界面中，自定义设置功能按键。

2. 认识遥控器状态显示屏

要想安全地飞行无人机，就需要掌握遥控器状态显示屏中的各功能信息，熟知它们所代表的具体含义，如图 1-18 所示。

下面介绍状态栏中各信息的含义，分别如下。

① 飞行速度：显示当前飞行器的飞行速度。

② 飞行模式：显示当前飞行器的飞行模式。其中 OPTI 表示视觉模式；如果显示的是 GPS，则表示当前是 GPS 模式。

③ 飞行器的电量：显示当前飞行器的剩余电量信息。

④ 遥控器信号质量：5 格信号代表信号质量非常好，如果只有 1 格信号，则表示信号很弱。

图1-18 遥控器状态显示屏

⑤ 电动机转速：显示当前电动机转速数据。

⑥ 系统状态：显示当前无人机系统的状态信息。

⑦ 遥控器电量：显示当前遥控器的剩余电量信息。

⑧ 下视视觉系统显示高度：显示飞行器下视视觉系统的高度数据。

⑨ 视觉系统：此处显示的是视觉系统的名称。

⑩ 飞行高度：显示当前飞行器的起飞高度。

⑪ 相机曝光补偿：显示相机曝光补偿的参数值。

⑫ 飞行距离：显示当前飞行器起飞后与起始位置之间的距离值。

⑬ SD 卡（Secure Digital Memory Card，存储卡）：SD 卡的检测提示，表示 SD 卡正常。

3. 认识遥控器的操作杆

遥控器摇杆的操控方式有两种：一种是"美国手"，另一种是"日本手"。遥控器出厂的时候，默认的操作方式是"美国手"。

什么是"美国手"呢？初次接触无人机的用户，可能听不懂这个词，"美国手"就是左摇杆控制飞行器的上升、下降、左转和右转操作，右摇杆控制飞行器前进、后退、向左和向右的飞行方向，如图 1-19 所示。

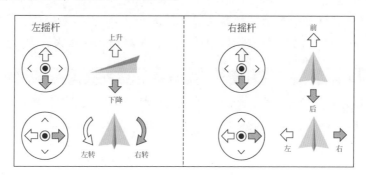

图1-19 "美国手"的操控方式

"日本手"就是左摇杆控制飞行器的前进、后退、左转和右转，右摇杆控制飞行器的上升、下降、向左和向右飞行，如图1-20所示。

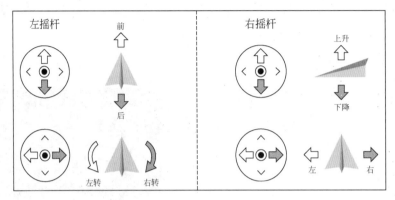

图1-20　　"日本手"的操控方式

4. 遥控器摇杆的具体操控方式

本书以"美国手"为例，介绍遥控器摇杆的具体操控方式，这是学习无人机飞行的基础和重点，希望用户熟练掌握。

遥控器摇杆的具体操控方式

（1）介绍左摇杆的具体操控方式。

① 左摇杆向上推杆，表示飞行器上升。

② 左摇杆向下推杆，表示飞行器下降。

③ 左摇杆向左推杆，表示飞行器逆时针旋转。

④ 左摇杆向右推杆，表示飞行器顺时针旋转。

⑤ 左摇杆位于中间位置时，飞行器的高度、旋转角度均保持不变。

⑥ 飞行器起飞时，应该将左摇杆缓慢地向上推杆，让飞行器缓慢上升，慢慢离开地面，这样飞行才安全。如果用户猛地将左摇杆向上推，那么飞行器将会急速上冲，油门摇杆加油过量，不小心可能会引起炸机的风险。

（2）介绍右摇杆的具体操控方式。

① 右摇杆向上推杆，表示飞行器向前飞行。

② 右摇杆向下推杆，表示飞行器向后飞行。

③ 右摇杆向左推杆，表示飞行器向左飞行。

④ 右摇杆向右推杆，表示飞行器向右飞行。

⑤ 向上、向下、向左、向右推杆的过程中，推杆的幅度越大，飞行的速度越快。

💬 专家提醒

我们在操作摇杆的过程中，都应该养成慢慢推杆的操控习惯，保持飞行器平稳飞行，可以把摇杆比喻成汽车上的油门，需要轻轻地踩，汽车行驶才安全。

摇杆还有一个特别实用的功能，就是当飞行器发生故障时，左右双摇杆同时向内或者向外掰，可以使飞行器迅速在空中停桨，如图1-21所示。

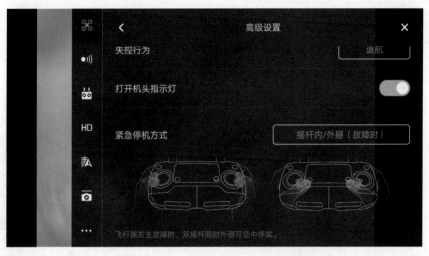

图1-21 左右双摇杆同时往内或往外掰

006 认识云台

近年来，随着无人机的不断更新和进步，无人机中的三轴稳定云台为无人机相机提供了稳定的平台，可以使无人机在天空中高速飞行的时候，也能拍摄出清晰的照片和视频。

无人机在飞行的过程中，用户有两种方法可以调整云台的角度：一种是通过遥控器上的云台俯仰拨轮，调整云台的拍摄角度；另一种是在DJI GO 4 App的飞行界面中，长按图传屏幕，此时屏幕中将出现蓝色的光圈，通过拖动光圈也可以调整云台的角度。

无人机的拍摄功能十分强大，云台可在跟随模式和FPV模式下工作，以拍摄出用户需要的照片或视频画面。图1-22所示为御Mavic 2专业版无人机的云台相机。

图1-22 御Mavic 2专业版无人机的云台相机

💬 专家提醒

云台俯仰角度的可控范围为 -90° ~ +30°。云台是非常脆弱的设备，所以我们在操控云台的过程中需要注意，开启无人机的电源后，请勿再碰撞云台，以免云台受损，导致云台性能下降。另外，在沙漠地区使用无人机时，要注意不能让云台接触沙石，如果云台进沙，则会导致云台活动受阻，同样会影响云台的性能。

007 认识电池

电池是专门为飞行器供电的，飞行器中的电池是锂聚电池，电池容量为3850mAh，额定电压为15.4V，这款电池采用高能电芯，并使用先进的电池管理系统。

我们在购买无人机的时候，飞行器本身会自带一块电池，如果用户购买了一个全能配件包，那么又多了两块备用电池，用户在使用飞行器的时候可以交替使用电池。图1-23所示为御Mavic 2专业版无人机的电池。

图1-23　御Mavic 2专业版无人机的电池

一块电池在飞行时，只能用30min左右，那么如何正确使用电池，从而延长电池的寿命呢？这一点非常重要。下面讲解几条使用和保管电池的要点。

❶ 无人机在室外飞行的过程中，我们不能将电池长时间置于阳光下，特别是夏天室外温度比较高的时候，电池能承受的最高温度是40℃。

❷ 无人机中的电池使用完后，我们不要急于给电池充电，因为刚使用完的电池还处于发热状态，要等电池完全冷却后，再给电池充电，这样可以延长电池的使用寿命。如果我们对一块发热的电池反复充电、反复使用，这样电池很快就会报废，这一点需要注意。

❸ 飞行器在飞行的过程中，如果遥控器屏幕上显示飞行器的电量仅剩30%，则要准备把飞行器飞回来，以免飞行器电量用完后导致炸机的风险。用户还可以在DJI GO 4 App的"通用设置"界面中，设置低电量报警声音，当电池的电量只剩余30%或25%时，遥控器会发出报警的声音，如图1-24所示。

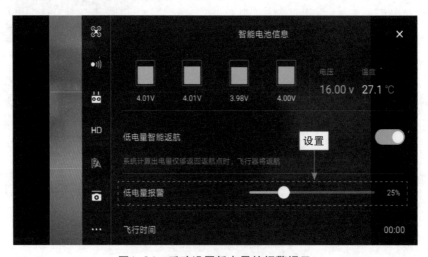

图1-24　手动设置低电量的报警提示

❹ 当飞行器中的电池电量低于20%的时候，无人机会进入紧急状态，这个时候我

们再也无法操控无人机，无人机系统将自动进行安全降落，那么无人机会降落在哪里呢？无人机将自动按照先前设定的返航点进行安全降落。

⑤ 电池需要放在阴凉通风的地方保存，如果用户有很长一段时间不需要再使用无人机，此时电池中要留一些余电，不要把电全部耗尽，也不能将电池充满电进行保存，这两种方式都是不对的。

⑥ 在冬天温度较低的时候，电池也会慢慢放电。比如，无人机的电池刚充满电，但室外温度较低，近三天没有使用无人机飞行，待第4天你准备飞行的时候，却发现电量只有60%了。这是由于天气温度低导致的电池自动放电，用户需要重新充满电之后再飞行。

⑦ 如果我们要带着无人机出远门，也不要把电池充满，而且电池要装上保护套，以保护电池的安全。如果我们要上飞机，电池一定要记得放入随身携带的背包中，而不能放入托运的行李中，因为航空公司是禁止托运锂电池的。用户过安检的时候，要把电池单独放入一个篮子中接受检查，便于航空工作人员排除安全风险。

008
检查电量并正确充电

检查电量并
正确充电

在飞行器的电池上，有一个电量指示灯和一个电池开关，电量指示灯一共有4格，从低到高显示电量，如图1-25所示。

图1-25 电量指示灯和电池开关

我们短按电池上的电源开关键，可以查看电池的电量，电池一共有4格电量，亮几格灯表示剩余几格电量，如图1-26所示。

图1-26 4格电量与3格电量的亮灯显示

为电池充电的时候，一定要选择通风条件好的地方，但切记充电环境温度必须在5～40℃，如果室内温度低于5℃，就会出现电池充不进电的情况。另外，充电的过程中，要防止小孩拿着电池玩耍，这样会影响电池的寿命，应尽可能将电池放在小孩触碰不到的地方。正确的充电方法：将电源适配器的插槽连接电池插槽，再将插头连接插座孔，如图1-27所示。电池充满电后，要及时拔下插头，以免引发爆炸事件，这种安全问题我们一定要重视。

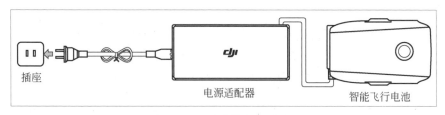

图1-27　正确的充电方法

009 固件升级事项

不管哪一款无人机，都会遇到固件升级问题，既然是系统设备，就会有系统更新，更新和升级系统可以帮助无人机修复系统漏洞，或者新增某些功能，从而提升飞行的安全性。我们在进行系统固件升级前，一定要保证有足够的电量，以免升级过程中断，导致无人机系统崩溃。

每一次开启无人机时，DJI GO 4 App都会进行系统版本的检测，界面上会显示相应的检测提示信息，如图1-28所示。如果系统是最新版本的，就不需要升级，系统可以正常使用，如图1-29所示。

图1-28　显示检测提示信息

图1-29　设置已检测完毕

如果系统的版本不是最新的，则界面会弹出提示信息，提示用户固件版本不一致，用户需要刷新固件，如图1-30所示。从左向右滑动相应的按钮，此时该按钮呈绿色显示，如图1-31所示。

图1-30 提示用户固件版本不一致

图1-31 滑动按钮

稍后，界面上方会显示固件正在升级中，并显示升级进度，如图1-32所示。点击升级进度信息，进入"固件升级"界面，其中显示了系统更新的日志信息，如图1-33所示。

图1-32 显示升级进度

图1-33 显示系统信息

对于 DJI GO 4 App 中的部分固件升级，是可以暂时忽略的，但是为了万无一失，最好还是提前检查升级后再外出飞行。

系统更新完成后，会弹出提示信息框，提示用户升级已完成，请手动重启飞行器，点击"确定"按钮，如图 1-34 所示；然后重新启动飞行器，在手机屏幕中点击"完成"按钮，即可完成固件的升级操作，如图 1-35 所示。

图1-34　点击"确定"按钮

图1-35　点击"完成"按钮

这里有一个细节需要注意：无人机的电池电量非常珍贵，因为它只能飞行 30min 左右，而固件升级是一种常态，经常需要更新和升级系统，而升级过程非常消耗电量，因此建议用户每次外出拍摄前，先开启一次无人机，检查系统是否需要升级，如果需要升级，则在升级完成后，给电池充满电再外出拍摄。否则，到了室外准备开机飞行时，发现需要进行升级固件，是一件非常头痛的事情，升能过程至少需要消耗 20% ~ 30% 的电量，这样就会减少飞行的时间。

第2章

安全第一:
11个风险要提前规避好

学 | 习 | 提 | 示

　　对于新人来说,安全飞行是最重要的,因为无人机在天空飞行的时候,除了遥控器之外,其他的元素也会影响飞行。比如,飞行器的机身电池没电或者部件安装不固定,又或者飞行地点不安全、遇到鸟类袭击等,这个时候,就需要提前检查和有应变知识作储备。因此,在飞行之前,我们需要先学好本章的风险规避知识。

010
无人机电池与手机是否充满电

用户在飞行之前，一定要提前检查飞行器的电池、遥控器的电池以及手机是否充满电，以免到达拍摄地点后找不到充电的地方，这是非常麻烦的事情。而且，飞行器的电池电量弥足珍贵，一块满格的电池只能用 30min 左右，如果飞行器只有一半的电量，还要留 25% 的电量返航，那飞上去基本也拍不了什么东西了。

设想当我们难得发现一个很美的景点可以航拍，然后驱车几个小时到达，却发现无人机忘记充电了，这是一件非常痛苦的事。在这里，建议有车一族可以购买车载充电器，这样就算电池电量用完了，也可以在车上边开车边充电，及时解决了充电的问题和烦恼。大疆原装的车载充电器要 300 多元，普通品牌的车载充电器也只需要几十元，非常划算，如图 2-1 所示。

图2-1　车载充电器

> **专家提醒**
>
> 　　如果用户在购买无人机的同时，购买了一个全能配件包，那么配件包里面会有一个车载充电器，就不需要用户再单独购买了。

如果用户使用安卓系统的手机，当遥控器与手机进行连接时，遥控器会自动给手机进行充电，如果你的手机不是满格电，这时遥控器的电量就会消耗得比较快，因为它要一边给手机充电，与手机进行图传信息的接收和发送，还要操控飞行器进行飞行，如果遥控器没电了，无人机在空中就比较危险了。

011
SD 卡是否有足够的存储空间

外出拍摄前，一定要检查无人机中的 SD 卡是否有足够的存储空间，以免到了拍摄地点，看到那么多美景，却拍不下来，这一点也是非常重要的。如果再跑回家将 SD 卡的容量腾出来，然后再出来拍摄，一是浪费时间，二是消耗精力，三是拍摄的热情和激情也会有所消耗，结果往往是没心情再拍出理想的片子。

作者刚开始学无人机的时候，有一次外出拍照，就忘记带 SD 卡了。无人机飞到空中的时候，按下拍照键，发现照片拍不下来，提示没有可存储的设备，检查时才发现无人机上的 SD 卡被自己取出来了，最后只能先将飞机飞下来，取回 SD 卡再重新飞上去拍摄，着实有点浪费时间。所以，建议大家在复制 SD 卡中的素材时，复制完立马将 SD 卡放回无人机设备中，免得忘记携带。

　　建议用户多准备几张 SD 卡，以免拍摄的素材容量比较大，导致 SD 卡容量不足，特别是拍摄视频文件时，是非常占用内存的。

　　如果用户拍摄的素材不是很大，购买 64GB 的内存卡即可，如果需要拍摄的素材较多，则建议购买 128GB 或者 256GB 的 SD 卡，如图 2-2 所示。

图2-2　建议用户多购买几张SD卡

012 无人机的飞行地点是否安全

　　起飞和降落是无人机事故的高发时段，而起飞与起飞地点有非常直接的关系，我们在起飞无人机时，一定要选择安全的地点，检查周围的环境是否适合飞行无人机，以免发生无人机坠毁或倾翻的事故。下面这几种飞行地点，用户一定要规避和注意。

1. 机场

　　机场是无人机的禁地，如果用户不小心将无人机飞到了飞机的飞行区域，就会有安全风险，会威胁到飞机的安全。所以，我们不能在机场或机场附近飞行。无人机在空中飞行的时候，也不能影响航线上正在飞行的飞机，以免引发安全事故。

2. 高楼林立的 CBD

　　无人机在室外飞行的时候，基本是靠 GPS 进行卫星定位，然后配合各种传感器，从而在空中安全地飞行，但在各种高楼林立的 CBD（Central Business District，中央商务区）中，如图 2-3 所示，玻璃幕墙会影响无人机对信号的接收，会影响空中飞行的稳定性，使无人机出现乱飞、乱撞的情况，而且这些高楼中有很多的 Wi-Fi 信号，这对无人机的控制也会产生干扰。因此建议大家尽量找一个空旷的地方起飞，不要在高楼之间穿梭飞行，因为这样实在不安全，遥控器也会经常弹出信号弱的提示。

图2-3　高楼林立的CBD对无人机的飞行有安全隐患

3. 高压线

如图 2-4 所示，有高压线的地方，也不适合飞行，这种地方非常危险。高压电线对无人机产生的电磁干扰非常严重，而且离电线的距离越近，信号干扰就越大。所以，我们在拍摄的时候，尽量不要到有高压线的地方去飞行。无人机在空中飞行的时候，我们通过图传画面是很难发现高压电线的，只能自己抬头凭着肉眼去观察。电线一般也不会太高，这一点用户在起飞时就要特别注意。

图2-4　高压线的地方不适合飞行

笔者有一个朋友第一次炸机，就是因为高压线。那时候也是刚买无人机的时候，每天想出去飞无人机，走到小区里一个空旷的地方，就把无人机放飞了，在飞行中突然听到"砰"的一声，无人机直接从空中掉落炸机了。后来，他总结经验，原来是无人机飞行的高空有许多的高压线导致的，好在当时周围人员稀少，没有引发第三方的事故，否则后果不堪设想。所以，建议大家在远离高压线的地方飞行。

4. 水边

在水边飞行无人机也是非常不安全的，如图2-5所示。特别是在拍摄穿越桥洞的视频画面时，可能会发生飞到桥洞底下的时候，无人机由于信号干扰无法正常飞行，直接掉入水中的情况。笔者还有一个朋友，就是在穿过桥洞的时候，由于视线受阻，无人机发生了撞顶。而且无人机直接掉进水里，捞出来也是一件麻烦的事情。

> **💬 专家提醒**
>
> 大家购买无人机的时候，可以选择购买"随心换"。大疆官方换新的要求是必须使用旧的、坏的机器更换新机，如果你的无人机掉进水里没有捞到"尸体"，那么就无法找大疆官方更换新机，只能再重新购买一台新的无人机。

图2-5　水边飞行无人机也是非常不安全的

5. 四周有铁栏杆

无人机起飞的四周有铁栏杆，也会对无人机的信号和指南针产生干扰，如图2-6所示。

图2-6　无人机起飞的四周有铁栏杆

013
飞行前检查好机身是否正常

　　无人机起飞前，应先检查好机身是否正常，各部件有无松动的情况，螺旋桨有无松动或损坏，插槽是否卡紧。图 2-7 所示的螺旋桨是松动的，没有卡紧；图 2-8 所示的螺旋桨是卡紧的、正确的。

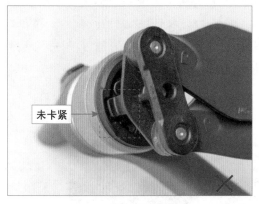

图2-7　螺旋桨是松动的

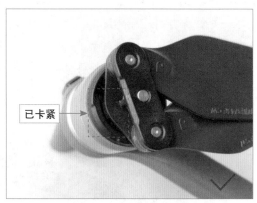

图2-8　螺旋桨是卡紧的

💬 **专家提醒**

　　飞行器一共有 4 个螺旋桨，如果只有 3 个卡紧了，有一个是松动的，那么飞行器在飞行的过程中很容易因为机身无法平衡，而导致炸机的结果。

　　用户在安装螺旋桨的时候，一定要安装正确，按逆顺的安装原则：迎风面高的螺旋桨在左边，是逆时针；迎风面低的螺旋桨在右边，是顺时针。

　　电池的插槽是否卡紧也需要仔细检查，否则会有安全隐患。

　　图 2-9 所示为电池插槽没有卡紧的状态，电池凸起，不平整，中间缝隙很大。图 2-10 所示为电池的正确安装效果图。

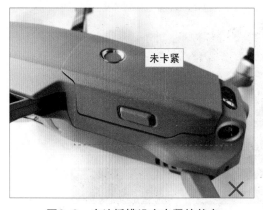

图2-9　电池插槽没有卡紧的状态

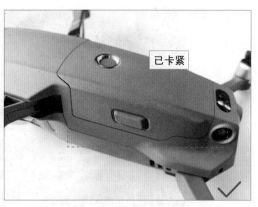

图2-10　电池的正确安装效果

当我们将无人机放置在水平起飞位置后，应先取下云台的保护罩，然后再按下无人机的电源按钮，开启无人机。

有些用户将无人机飞到天空中，才发现没有取下云台保护罩，这样会对云台的相机产生磨损，因为无人机开启电源后，相机镜头会自动进行旋转和检测，如果云台保护罩没有取下，镜头就不能进行旋转自检。

图2-11所示为云台保护罩未取下的状态。图2-12所示为云台保护罩取下后的状态。

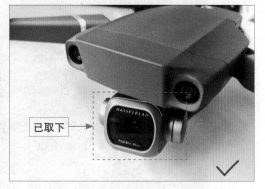

图2-11　云台保护罩未取下的状态　　　图2-12　云台保护罩取下后的状态

014
校准 IMU 和指南针，确保安全

我们每次需要飞行前，都要先校准 IMU(Inertial Measurement Unit，惯性测量单元)和指南针，确保指南针的正确是非常重要的一步，特别是每当我们去一个新的地方开始飞行时，一定要记得先校准指南针，然后再开始飞行，这样有助于无人机在空中的飞行安全。下面介绍校准 IMU 和指南针的操作方法。

步骤 01 当我们开启遥控器，打开 DJI GO 4 App，进入飞行界面后，如果 IMU 惯性测量单元和指南针没有正确运行，则此时系统在状态栏中会有相关的提示信息，如图 2-13 所示。

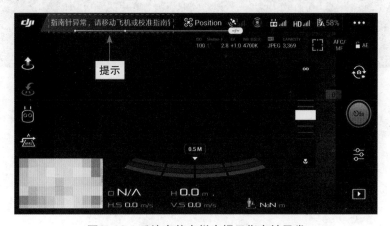

图2-13　系统在状态栏中提示指南针异常

步骤 02 单击状态栏中的"指南针异常……"提示信息，进入"飞行器状态列表"界面，如图 2-14 所示，其中"模块自检"显示为"固件版本已是最新"，表示固件无须升级，但是下方的指南针异常，系统提示飞行器周围可能有钢铁、磁铁等物质，请用户带着无人机远离这些有干扰的环境，然后单击右侧的"校准"按钮。

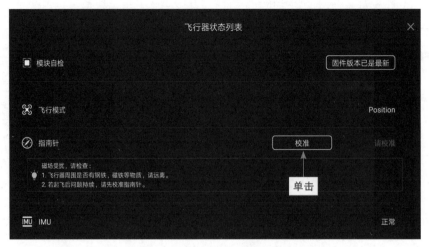

图2-14 单击右侧的"校准"按钮

步骤 03 弹出信息提示框，单击"确定"按钮，如图 2-15 所示。

图2-15 单击"确定"按钮

步骤 04 进入校准指南针模式，请按照界面提示，水平旋转飞行器 360 度，如图 2-16 所示。

步骤 05 水平旋转完成后，界面中继续提示用户竖直旋转飞行器 360 度，如图 2-17 所示。

步骤 06 当用户根据界面提示进行正确操作后，手机屏幕上将弹出提示信息框，提示用户指南针校准成功，单击"确认"按钮，如图 2-18 所示。

图2-16 水平旋转飞行器360度

图2-17 竖直旋转飞行器360度

图2-18 单击"确认"按钮

步骤 07 至此即可完成指南针的校准操作，返回"飞行器状态列表"界面，此时"指南针"选项右侧将显示"指南针正常"的信息，下方的"IMU"右侧也显示为"正常"，如图 2-19 所示。

图2-19　"飞行器状态列表"界面

当用户根据上述界面中的一系列操作，对飞行器进行水平和竖直旋转 360 度后，如果手机屏幕中继续弹出"指南针校准失败"的提示信息，如图 2-20 所示，则说明用户所在的位置磁场确实过大，对无人机的干扰很严重。请用户带着无人机远离目前所在的位置，再找一个无干扰的环境，继续校准指南针的方向。

图2-20　弹出"指南针校准失败"的提示信息

> 💬 **专家提醒**
>
> 　　当 DJI GO 4 App 的状态栏中显示"指南针异常……"的信息时，此时飞行器上将亮起黄灯，并且会不停地闪烁。当用户校准无人机的指南针后，飞行器上的黄灯将会变为绿灯。

015

飞行高度保持在 125m 以内

用户在飞行无人机时，最好尽量保持飞行高度在 125m 以内，因为 125m 以外的无人机我们是看不清楚的，无人机也很容易脱离视线，增加飞行风险。用户可以在飞行界面中对飞行高度进行设置，当无人机飞行到一定的高度时，飞行界面中会弹出相应的提示。

下面介绍两种设置飞行高度的方法。一种方法是在飞行界面中，单击状态栏区域，进入"飞行器状态列表"界面，在其中可以设置"最大高度限制"数值，如图2-21所示。

图2-21 设置"最大高度限制"数值

另一种方法是，在飞行界面中，单击右上角的通用设置按钮●●●，进入"飞控参数设置"界面，单击"最大高度限制"右侧的"400"数值框，如图2-22所示。

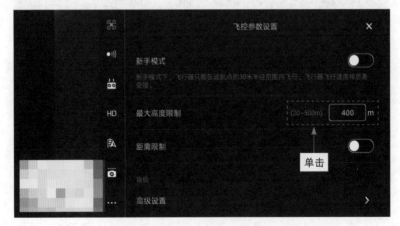

图2-22 单击"最大高度限制"右侧的"400"数值框

此时，会弹出"声明"提示框，请用户仔细阅读相关内容，再单击下方的"同意"

按钮，如图 2-23 所示。

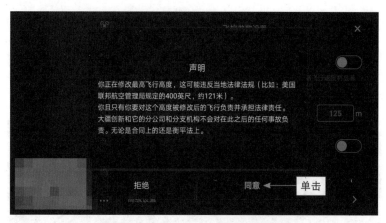

图2-23　单击下方的"同意"按钮

专家提醒

　　如果用户还想设置最远的飞行距离，可以在"飞控参数设置"界面中，单击"距离限制"右侧的按钮，进行相关的距离设置。

　　执行操作后，即可在数值框中输入相应的数值，这里输入 125，如图 2-24 所示，即可设置最大的飞行高度。

图2-24　设置最大的飞行高度

016
保持无人机在你的可视范围内

　　用户在空中飞行无人机的过程中，要对自己的飞行负有责任，如果因为不当的飞行行为，造成了相应的人员伤亡，或者违反了相关的法律法规，都要对后果负责，承担相应的责任。

因此，尽量让无人机在自己的可视范围内飞行，这样才是最安全的，特别是对于新手来说，如果发生了一些突发情况，无人机在自己看得见的地方，也能及时对无人机进行相应的控制，防止相关风险和事故的发生。

017
空中飞行遇海鸥突袭怎么办

无人机在空中飞行的时候，如果遇到了海鸥突袭，我们会听到海鸥的鸣叫声，这时千万不要慌张，海鸥不敢接近无人机的螺旋桨，只敢在无人机的周围飞行，这个时候我们需要静下心来，慢慢控制无人机往高空飞，这样海鸥就不会再追随了。

海鸥突袭无人机，是因为海鸥将低空视为自己的"领空"，将无人机当成了"敌人"，海鸥担心无人机会抢它们的食物，或者伤害它们的鸟巢，因此海鸥要保护自己的"领空"。所以，我们只要把无人机往高空飞一点，海鸥就不会再突袭无人机了。

018
尽量不要在深夜飞行，视线受阻

用户尽量不要在夜间飞行，虽然无人机在夜间飞行会有一闪一闪的灯，可帮助我们定位无人机在空中的位置，但是因为夜间视线会受阻，光线也不好，所以我们很难看清楚天空中的情况。如果无人机飞到了电线上，指南针就会受到干扰，无人机就会有炸机的风险；如果天空中有其他动物或者载人的民用飞机在飞行，也会引发相关的安全风险。

另外，夜间飞行无人机的时候，由于光线过暗，无人机的避障功能会失效，无法识别前方的障碍，如果遇到高楼墙壁，可能也会直接撞上去。如果导致炸机，那就得不偿失了。

019
无人机失联了，应该如何找回

如果无人机失联了，可以拨打大疆官方的客服电话，通过客服的帮助寻回无人机。除了寻求客服的帮忙外，我们还有什么办法可以寻回无人机呢？下面介绍一种特殊的位置寻回法。

步骤 01 进入 DJI GO 4 App 主界面，单击右上角的设置按钮 ≡，如图 2-25 所示。

步骤 02 在弹出的列表框中：①点击"找飞机"按钮，在打开的地图中可以找到目前的飞机位置；②还可以在该列表框中点击"飞行记录"按钮，如图 2-26 所示。

步骤 03 进入个人中心界面，找到下方的"记录列表"界面，如图 2-27 所示。

图2-25　点击设置按钮

图2-26　点击"飞行记录"按钮

图2-27　找到"记录列表"界面

步骤 04 从下向上滑动屏幕，选择最后一条飞行记录，如图 2-28 所示。

步骤 05 在打开的地图界面中，可以查看无人机的最后一条飞行记录，如图 2-29 所示。

步骤 06 将界面最底端的滑块拖曳至最右侧，可以查看到飞行器最后时刻的坐标值，如图 2-30 所示，通过这个坐标值，也可以找到飞机的大概位置。目前大部分无人机坠机记录点的误差都在 10m 以内，其他人就算捡到了无人机，如果没有遥控器也是没用的。

图2-28　选择最后一条记录

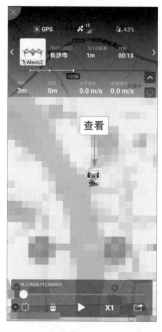

图2-29　查看最后一条飞行记录

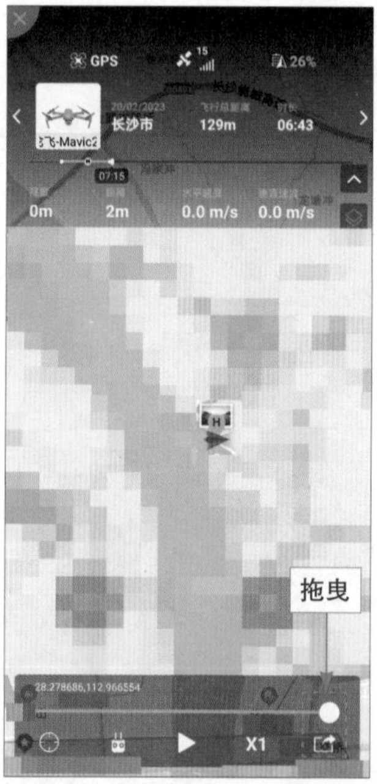

图2-30　将滑块拖曳至最右侧

专家提醒

无人机失联的时候，用户千万不要着急，无人机丢失信号后，一般情况下都会自动下降，用户可以想一想无人机大概在哪个位置，往那个方向慢慢地靠近，待信号增强后，可能就会恢复与无人机的通信，这样也可以寻回无人机。

020 无人机的存放、飞行和法律规范

无人机的存放，如果超过3个月，则建议存放温度在22～28℃的环境里，一定不要将无人机的电池存放在温度10℃以下或者45℃以上的环境中，这样的环境会影响电池的寿命。

带着无人机出门的时候，一定要保护好云台相机，这种精细的设备特别脆弱，不能碰撞、浸水或进沙。相机不干净的时候，只能用比较松软的干布进行擦拭。如果无人机不小心落水，捞出来之后，千万不要着急开启电源，这样容易烧坏电路，引起无人机故障，而应先用干毛巾将无人机擦干净，然后放置两天，或者把无人机放到米缸里，过两天再取出后开启试试。无人机的存放环境也不能太过潮湿，最好放在通风干燥的地方。

用户在操控无人机之前，不能饮酒、不能吸毒、不能使用麻醉药物，不能在自己精神状态不佳的时候飞行无人机，这样是非常不安全的，存在安全隐患。用户在降落无人机后，应该先关闭飞行器，再关闭遥控器，关机的顺序一定要正确。

为了避免用户的违法行为，用户应学习好相关法律知识：①禁止用户在载人飞机的附近飞行，不能影响民用航空线路；②禁止用户在法律法规禁飞的区域飞行，如机场、政府大楼、主要城市、发电站、监狱、军区等；③不能在人口密集的地方飞行无人机；④禁止在无人机上搭载任何危险物品；⑤不能在超过限定高度的航空领域中飞行。

第3章

小心炸机：
10种炸机危险因素要注意

炸机，是无人机飞行领域中的行内话。我们在飞行无人机之前，一定要先掌握好哪些因素会引起炸机风险，进行提前规避。虽说无人机飞行高手大多炸过机，但炸机是每个用户都不希望遇到的，毕竟炸机带来的金钱和时间损失都难以估量，如果引起了人员伤亡，后果更是非常严重。因此，在飞行前，我们需要注意一些会引起炸机的危险因素。

021
放风筝的环境很危险

我们不能在放风筝的区域飞行无人机，如图 3-1 所示。风筝是无人机的天敌，为什么这样说呢？因为风筝都有一条长长的风筝线，而无人机在飞行的时候，我们通过图传屏幕根本看不清这条线。如果无人机在飞行中碰到了这条线，那么电动机和螺旋桨就会被这根线卷住，让无人机的双桨无法平衡，不能稳定飞行，更有甚者，电动机会被直接锁死，那么后果就是直接炸机。

图3-1　不能在放风筝的区域飞行无人机

022
室外无 GPS 信号的地方

GPS（Global Positioning System，全球定位系统）主要用于卫星导航。良好的卫星信号是无人机安全飞行的基础条件，如果用户在一些容易遮挡卫星信号的环境下飞行（如高大建筑物、高压线、高压输电站、移动通信基地以及桥洞等区域），会导致卫星无法定位，就容易使无人机失控、自动飘浮，致使意外事故发生。

用户在飞行无人机的过程中，可以在 DJI GO 4 App 飞行界面的右上角看到 GPS信号的强弱状态。如图 3-2 所示，一共有 5 格信号显示，4 格以上为优，数字在 10 位数以上，表示 GPS 信号强，那么用户就可以安全飞行。

图3-2　GPS信号

023 侧飞时撞到侧面障碍物

无人机在侧飞或者环绕飞行的时候，容易撞到无人机侧面的障碍物。因为有些无人机的侧面是没有避障功能的，而我们在飞行界面上也无法查看到无人机侧面的飞行环境，如果侧面有电线、建筑或者树木，无人机就很容易撞上去，导致炸机。图3-3所示为树木障碍物，这种高大的树枝对于低空飞行的无人机来说是非常危险的。

图3-3　树木障碍物

所以，新手在低空复杂环境时请勿随意侧飞无人机，尤其是在"刷锅"飞行环绕镜头时。用户可以尽量让无人机保持向前运动，这样既可以安全飞行，还能观察监控画面。

024 在人多的地方飞行有风险

无人机飞行时要远离人群，不能在人群聚集的地方飞行，更不能随意在人群的头顶上飞行，这是为了避免发生第三者损失。图3-4所示的航拍照片是在海边上空拍摄的，当时游客不是特别多，所以用户可以将无人机飞得高一些，以提升安全性。

如果用户想拍人群比较密集的海景，但是又不能在人群头顶上方飞行，那应该怎么办呢？这时就可以在人群密集区域的边缘位置飞行，这样就能安全一些，如图3-5所示。

试想一下，如果无人机突然出现故障直接掉落，如果砸在一片空旷的地方那还好，只是无人机报废，不会有人员伤亡；但如果一架无人机在掉落时刚好砸进人群，后果会是什么样？毫无疑问，这会酿成严重的后果。所以，我们要在远离密集人群的区域飞行。

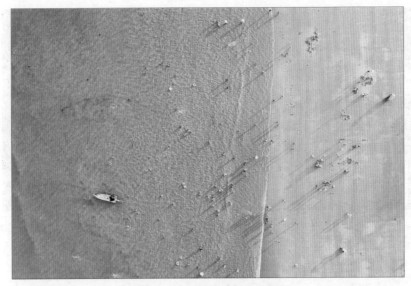

图3-4 在海边上空航拍的照片

图3-5 在人群密集区域的边缘位置飞行

025
室内起飞无人机容易炸机

　　在室内飞行无人机，需要一定的水平，因为室内基本没有 GPS 信号，无人机依靠光线定位，会处于视觉定位模式（也叫姿态飞行模式），如图 3-6 所示。由于没有 GPS 定位，因此在飞行中偶尔会有不稳定感，即使无任何操作也有可能出现无人机"飘飞"而撞到物件的情况。所以，不建议新手在室内飞行无人机，可以等到技术熟练且有特殊需要时再进行尝试。

图3-6　视觉定位模式

026 大风雨雪天气起飞无人机

如果室外的风速达5级以上，即可达到大风级别，容易影响无人机的飞行，当无人机不受遥控器的控制时，就会乱飞，非常容易炸机。

除了5级以上大风不能飞行外，像大雨、大雪、雷电、有雾霾的天气，也不能飞行。大雨容易把飞行器淋湿，无人机在雨雪天气中飞行，会有一定的阻力；雷电天气无人机容易被雷电劈中而炸机；有雾霾的天气视线不好，拍出来的片子也不理想。但是，如果大雪停了，不是特别寒冷的时候，可以把无人机飞出去拍摄雪景，记录美景，如图3-7所示。

图3-7　雪停了可以飞行无人机

027 起飞时提示视觉定位模式

用户起飞无人机时，由于 GPS 信号弱，此时飞行界面中会提示用户无法起飞，或者提示无人机处于视觉定位模式，如图 3-8 所示。这时我们千万不要起飞无人机，可以先原地等待几分钟，待 GPS 信号正常后，再起飞无人机。

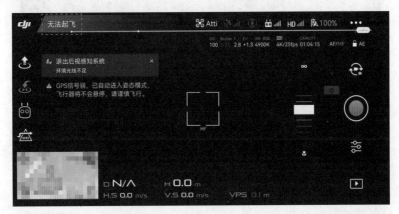

（a）

（b）

图3-8 由于GPS信号弱导致的问题

（a）飞行界面提示无法起飞；（b）飞行界面提示进入视觉定位模式

如果我们在无人机处于视觉定位模式下的时候强制起飞无人机，可能会导致无人机乱撞而炸机。这种模式下炸机的频率比较高，也是新手容易出现的问题。

028 返航时电量不足原地炸机

很多新手在刚开始飞行无人机的时候，都会有一种错觉，就是明明感觉没飞多久，怎么就没电了，这是因为他们没有规划好时间和电量而导致的。当电量低于 30% 的时候（用户可以在系统中手动设置电量低于多少后报警），无人机会提示用户电量不足，这时如果无人机飞得太远了，返航电量也不足，那么就会强制原地下降，如图3-9所示。

图3-9　无人机强制原地下降

如果剩余的电量飞不回起点了，这个时候该怎么办？这里我们建议摄像头垂直90°向下，抓紧时间寻找降落地点，优先寻找草地等炸机损失小的地方。如果还能看到无人机的降落地点，则需要抓紧时间赶过去，避免被人捡走。这个时候不要关闭图传画面，这样才能快速找到飞机。

在飞行无人机的时候，当无人机飞行距离过远时，屏幕中会发出警告信息，提示用户剩余电量仅够返航，这个时候就应该让无人机返航了。

029
地面不平就起飞或降落无人机

无人机起飞的位置一定要平整，不能放在倾斜的平面上起飞，起飞的位置更不能有沙子或小草，这样会对无人机的桨叶造成损坏，影响无人机飞行的稳定性。

当我们在户外飞行时，要尽量找到一块干净的地面起飞无人机，如果实在找不到，则可以将无人机放在包装箱上起飞，如图3-10所示，大疆悟系列无人机的包装箱还是比较大的。

图3-10　将无人机放在包装箱上面起飞

在无人机降落的过程中，一定要确认降落点是否安全，地面是否平整，是否有树枝遮挡，要时刻注意返航的电量情况。

凹凸不平的地面或山区，是不适合无人机降落的。如果在不平整的草地上降落无人机，则可能会损坏无人机的螺旋桨，如图3-11所示。

图3-11　不平整的草地

030
在不熟悉的夜间环境飞行无人机

因为夜晚光线的原因，夜间飞行无人机充满未知的风险，而且对于新手来说，挑战也是非常大的，所以不建议新手在夜间操作无人机。

对于不熟悉的环境，更是会增加飞行的风险，因为用户不清楚当下的环境，所以在飞行的过程中很容易犯错。

用户如果有在夜间飞行无人机的需要，则可以通过图传画面来判断四周的环境，也可以在"高级设置"界面中开启"打开机头指示灯"功能，使无人机的臂灯在黑暗的天空中闪烁，这样就可以方便用户在夜间环境中找到无人机，准确地控制和飞行无人机，如图3-12所示。

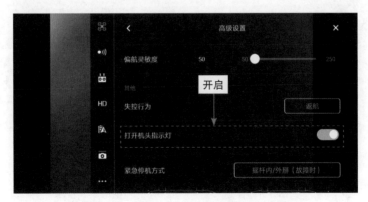

图3-12　开启"打开机头指示灯"功能

飞行训练篇

第4章

熟悉App：
11项参数精通才能飞得更好

学 | 习 | 提 | 示 ─────────────

　　无人机是一个飞行器，需要配合 DJI GO 4 App 的使用，才能在天空中飞得更好、更安全。所以，本章我们需要学习 DJI GO 4 App 的使用技巧，首先学习 App 账号的注册与登录，以及使用无人机拍照时的各项参数设置，如 ISO、光圈和快门参数的设置等；然后再学习和掌握遥控器的功能设置，以及如何使用自带的编辑器剪辑视频的技巧。

031 下载并安装 DJI GO 4 App

大疆御 2 系列的无人机需要安装 DJI GO 4 App，结合该 App 才能使无人机正确和安全地飞行。

本节将分别介绍在苹果 iOS 系统和安卓（Android）系统中下载、安装并打开 DJI GO 4 App 界面的操作方法。

1. 苹果 iOS 系统中的下载安装方法

下面介绍在苹果 iOS 系统中下载、安装并打开 DJI GO 4 App 的操作方法。

步骤 01 进入 App Store 应用商店，点击搜索栏，如图 4-1 所示。

步骤 02 在搜索栏中输入并搜索 "DJI GO 4"，界面下方会显示出搜索结果；选择 "DJI GO 4" 并点击 "获取" 按钮，如图 4-2 所示。

步骤 03 在弹出的界面中，根据提示，按侧边的开机按钮两下，如图 4-3 所示，通过面容或者密码解锁之后，就可以下载 DJI GO 4 App。

图4-1 点击搜索栏

图4-2 点击 "获取" 按钮

图4-3 按侧边的开机按钮两下

> 💬 **专家提醒**
>
> DJI GO 4 App 目前仅支持连接大疆御、晓、精灵、悟和经纬系列的部分无人机。对于其他大疆系列的无人机，用户可以下载 DJI GO App 或者 DJI Fly App。这些 App 既可以在手机应用商店中下载，也可以在大疆官网的下载中心界面中下载。

步骤 04 下载完成后，进入 DJI GO 4 App 界面首页，在首页中点击 "开始" 按钮，如图 4-4 所示。

步骤 05 在 "用户协议与隐私政策" 界面中点击 "同意" 按钮，如图 4-5 所示。

图4-4　点击"开始"按钮

图4-5　点击"同意"按钮

步骤 06　进入相应的界面，在"权限申请"界面中继续点击"一键设置"按钮，如图 4-6 所示。

步骤 07　在"权限与功能"界面中开启所有的权限；点击"下一步"按钮，如图 4-7 所示。

步骤 08　在"产品改进计划"界面中点击"加入产品改进计划"按钮，如图 4-8 所示，即可进入注册界面。

图4-6　点击"一键设置"按钮

图4-7　点击"下一步"按钮

图4-8　点击"加入产品改进计划"按钮

2. 安卓（Android）系统的下载安装方法

对于部分安卓机型来说，在应用商店里可能搜索不到 DJI GO 4 App，用户需要在大疆官网中才能下载。

下面向大家介绍安卓（Android）系统环境下在大疆官网中下载、安装并打开 DJI GO 4 App 的操作方法。

步骤 01 打开大疆官网，进入"热门 App"界面，选择"DJI GO 4"，如图 4-9 所示。

步骤 02 在 DJI GO 4 界面中点击"直接下载 Android APK"按钮，如图 4-10 所示，下载完成后，直接安装该应用。

步骤 03 安装完成后，点击"打开"按钮，如图 4-11 所示。

图4-9 选择DJI GO 4　　图4-10 点击"直接下载 Android APK"按钮　　图4-11 点击"打开"按钮

> **专家提醒**
>
> 大疆官网的网址，附赠在素材文件夹的文档中。用户也可以在浏览器中搜索进入大疆官网，再进入下载中心即可。

032 注册并登录 App 账号

用户在手机中安装好 DJI GO 4 App 后，接下来就需要注册并登录 DJI GO 4

App，这样才能顺利地进入飞行界面，并在 DJI GO 4 App 中拥有属于自己的账号，该账号中会显示自己的用户名、作品数、粉丝数、关注数以及收藏数等信息。

下面介绍注册与登录 DJI GO 4 App 的操作方法。

步骤 01 在下载和安装 DJI GO 4 App 之后，进入"登录"界面，如果是新人用户，则需要点击"注册新账号"按钮，如图 4-12 所示。

步骤 02 输入邮箱或者手机号，再输入验证码，就可以注册账号，并进入"设置密码"界面，输入密码；输入并确认密码后，点击"注册"按钮，如图 4-13 所示。

步骤 03 进入"完善资料"界面，设置相应的资料信息；点击"确定"按钮，如图 4-14 所示。

步骤 04 如果用户已经有账号，则在 DJI GO 4 App 中点击"登录"按钮即可，如图 4-15 所示。

步骤 05 进入"登录"界面，输入账号和密码；点击"登录"按钮，如图 4-16 所示。

图4-12　点击"注册新账号"按钮

图4-13　点击"注册"按钮

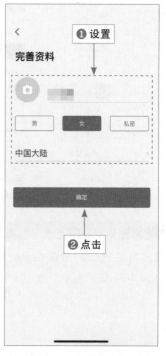

图4-14　点击"确定"按钮

步骤 06 进入"我"界面，可以查看自己的头像、用户名、作品数、粉丝数、关注数以及收藏数等信息，如图 4-17 所示。

图4-15 点击"登录"按钮1　　图4-16 点击"登录"按钮2　　图4-17 进入"我"界面

033
连接无人机设备

当用户注册与登录 DJI GO 4 App 后，需要将 App 与无人机设备进行正确连接，这样才可以通过 DJI GO 4 App 对无人机进行飞行控制。下面介绍连接无人机设备的操作方法。

步骤 01 对于初次登录 DJI GO 4 App 的用户而言，需要选择无人机设备，在"设备"界面中选择"御 2"选项，如图 4-18 所示。

步骤 02 在弹出的界面中点击"选择飞行器"按钮，如图 4-19 所示。

步骤 03 连续点击屏幕中的"下一步"按钮，直到进入"遥控器和飞行器对频"界面，点击"对频"按钮，如图 4-20 所示。

步骤 04 对频连接完成后，进入相应的界面，等待版本检测结束后，点击"开始飞行"按钮，如图 4-21 所示，即可进入飞行界面，操控无人机的飞行。

步骤 05 点击右上角的设置按钮 ≡，将会弹出相应的选项，在其中可以查看地图、查看飞行记录以及寻找飞机等，如图 4-22 所示。

① 选择"学院"选项，可以进入"学院"界面，其中有许多飞行知识、技巧供大家学习，还有飞行模拟练习。

② 选择"地图"选项，可以下载离线地图，可以当作普通地图用，但不能提供卫星地图。

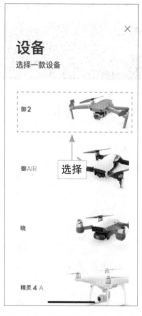

图4-18　选择"御2"选项

图4-19　点击"选择飞行器"按钮

图4-20　点击"对频"按钮

图4-21　点击"开始飞行"按钮

图4-22　弹出相应的选项

③ 选择"飞行记录"选项，可以查看自己的飞行记录，如飞行时间、飞行总距离等。

④ 选择"商城"选项，可以打开浏览器并进入大疆商城，在其中可以购买大疆的产品，如相机设备、无人机设备等。

⑤ 选择"找飞机"选项，可以根据无人机最后的飞行位置，找到丢失的无人机，很多大疆用户都是通过这种方法找到丢失的无人机的。

⑥ 选择"限飞信息查询"选项，可以查询无人机限飞的区域。

034
认识 DJI GO 4 App 飞行界面

认识DJI GO 4
App飞行界面

将无人机与手机连接成功后，接下来我们进入飞行界面，认识 DJI
GO 4 飞行界面中各按钮和图标的功能，帮助我们更好地掌握无人机的
飞行技巧。在 DJI GO 4 App 主界面中，点击"开始飞行"按钮，即可进入无人机图传
飞行界面，如图 4-23 所示。

图4-23 无人机图传飞行界面

下面详细介绍图传飞行界面中各按钮的含义及功能。

❶ 主界面 **dji**：点击该图标，将返回如图 4-21 所示的 DJI GO 4 的主界面。

❷ 飞行器状态提示栏 **飞行中（GPS）**：在该状态栏中，显示了飞行器的飞行状态，
如果无人机处于飞行状态下，则显示"飞行中"信息，如图 4-24 所示；如果无人机处
于准备起飞状态，则显示"起飞准备完毕"信息，如图 4-25 所示。

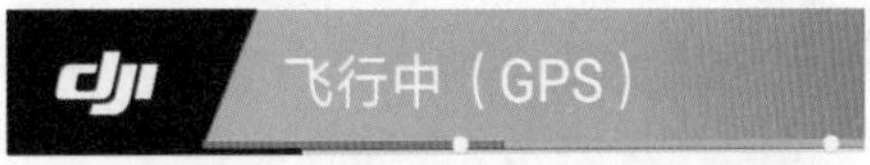

图4-24 提示"飞行中"信息 　　　　　图4-25 提示"起飞准备完毕"信息

💬 专家提醒

用户在飞行无人机的过程中，要随时注意飞行界面状态提示栏中的信息。有时候
飞行器处于 GPS 信号弱的环境下时，也会有相应提示，此时就需要用户重点注意，以
免导致飞行器炸机。

当无人机开启后，如果状态栏中显示"指南针异常，请移动飞机或校准指南针"，
如图 4-26 所示，此时需要用户校准指南针的方向，以免无人机在空中飞丢。

图4-26 指南针异常的状态提示信息

❸ 飞行模式 🎮Position：显示了当前的飞行模式，点击该图标，将进入"飞控参数设置"界面，在其中可以设置飞行器的返航点、返航高度以及新手模式等，如图4-27所示，用户还可以切换三种飞行模式，即S模式、P模式和T模式，上下滑动屏幕，用户即可进行相关设置。

💬 **专家提醒**

S模式是指运动模式，S模式下飞行器机动性能高，GPS定位和下视感知定位正常工作；P模式是指定位模式，P模式下GPS定位和下视感知定位正常工作；T模式是指三脚架模式，T模式下飞行器最大飞行速度为1m/s，同时降低了操控感度，方便用户微调构图，使拍摄更加平稳流畅。

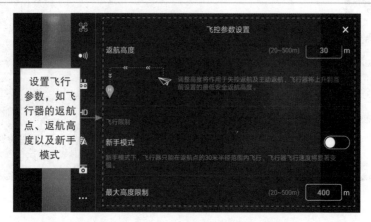

图4-27　进入"飞控参数设置"界面

❹ GPS状态 📡16：该图标用于显示GPS信号的强弱，如果只有一格信号，则说明当前GPS信号非常弱，如果强制起飞，可能会有炸机和丢机的风险；如果显示五格信号，则说明当前GPS信号非常强，用户可以放心在室外起飞无人机设备。

❺ 障碍物感知功能状态 🅒：该图标用于显示当前飞行器的障碍物感知功能是否能正常工作，点击该图标，将进入"感知设置"界面，在其中可以设置无人机的感知系统、雷达图和辅助照明等，如图4-28所示。

图4-28　进入"感知设置"界面

专家提醒

只要无人机的感知系统正常，就有自动避障功能，能够实时感知飞行前方30m的环境情况，如果前方有障碍物，飞行器会自动避开绕行。当然，首先是用户的无人机要有感知系统和自动避障功能，才可以使用该功能。

❻ 遥控链路信号质量：该图标用于显示遥控器与飞行器之间遥控信号的质量，如果只有一格信号，则说明当前信号非常弱；如果显示五格信号，对说明当前信号非常强。点击该图标，可以进入"遥控器功能设置"界面，如图4-29所示。

可以设置更多关于遥控器的相关操作，如遥控器校准、LCD（Liquid Crystal Display，液晶显示器）屏幕说明、摇杆模式以及自定义按键等

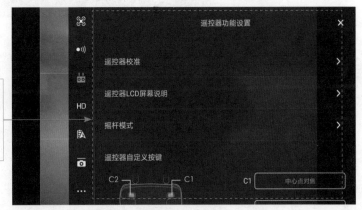

图4-29　进入"遥控器功能设置"界面

❼ 高清图传链路信号质量：该图标用于显示飞行器与遥控器之间高清图传链路信号的质量，如果信号质量高，则飞行界面中的图传画面稳定、清晰；如果信号质量差，则可能会出现画面卡顿，或者手机屏幕上的图传画面出现中断。点击该图标，可以进入"图传设置"界面，如图4-30所示。

在其中可以设置更多关于高清图传的相关操作，如频段、信道模式、图传模式设置以及图传码率等信息

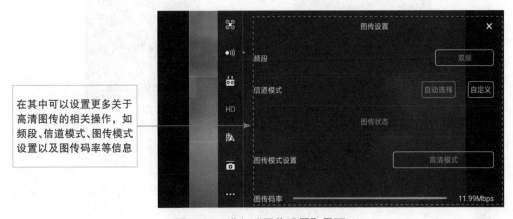

图4-30　进入"图传设置"界面

❽ 电池设置：可以实时显示当前无人机设备电池的剩余电量，如果飞行器出现放电短路、温度过高、温度过低或者电芯异常现象，界面中都会给出相应的提示。点击该图标，可以进入"智能电池信息"界面，如图4-31所示。

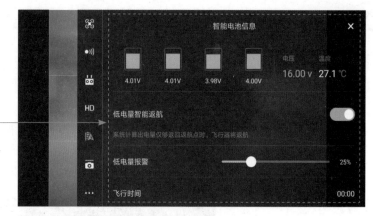

在其中可以设置智能电池的相关操作，可以开启低电量智能返航功能，还可以设置低电量报警的提示

图4-31　进入"智能电池信息"界面

　　为了飞行安全，新手在飞行前一定要在飞行界面中对相应的参数进行设置，尤其是限飞高度设置和低电量报警设置。

　　设置限飞高度，可以避免无人机因飞得太高而突然飞到视野外；设置低电量报警，可以留足一定的电量，让无人机有电量可以返航，不至于丢失。

　　⑨ 通用设置 ●●●：点击该按钮，可以进入"通用设置"界面，如图4-32所示。在其中可以设置相关的飞行参数、直播平台以及航线操作等。

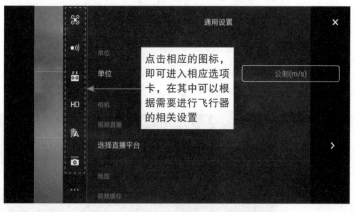

点击相应的图标，即可进入相应选项卡，在其中可以根据需要进行飞行器的相关设置

图4-32　进入"通用设置"界面

　　⑩ 自动曝光锁定 AE：点击该按钮，可以锁定当前的曝光值。

　　⑪ 拍照/录像切换按钮：点击该按钮，可以在拍照与拍摄视频之间进行切换，当用户点击该按钮后，将切换至拍视频界面，按钮也会发生相应变化，变成录像机的按钮，如图4-33所示。

　　在界面中的下方，我们看到了一条红色弧线，它代表什么意思呢？是有什么危险情况发生吗？图4-33中有含义解释。

　　⑫ 拍照/录像按钮：点击该按钮，可以开始拍摄照片，或者开始录制视频画面，录制视频时，再次点击该按钮，将停止视频的录制操作。

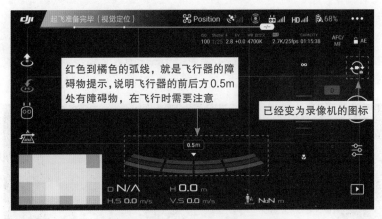

图4-33　界面中的下方显示红色弧线

⑬ 拍摄参数调整 ⚙：点击该按钮，在弹出的面板中，可以设置拍照与录像的各项
参数，如图 4-34 所示。

图4-34　设置拍照与录像的各项参数

⑭ 素材回放 ▶：点击该按钮，可以回看自己拍摄过的照片和视频文件，也可以实
时查看拍摄效果，如图 4-35 所示。

图4-35　实时查看素材拍摄的效果

⑮ 相机参数 `ISO Shutter F EV WB 自动 100 1/400 5.6 -1.3 5600K` `JPEG 938 CAPACITY` ：显示当前相机的拍照／录像参数，以及剩余的可拍摄容量。

⑯ 对焦／测光切换按钮 ▦：点击该按钮，可以切换对焦和测光的模式，对画面进行对焦操作。图4-36所示的图传屏幕中，显示了黄色的对焦图标。

黄色的对焦图标 →

图4-36 显示黄色的对焦图标

⑰ 飞行地图与状态 ▦：该图标以高德地图为基础，显示了当前飞行器的姿态、飞行方向以及雷达功能。点击地图图标之后，即可放大显示地图，可以查看飞行器目前的具体位置。

⑱ 自动起飞／降落 ▣：点击该按钮，即可使用无人机的自动起飞与自动降落功能。

⑲ 智能返航 ▣：点击该按钮，即可使用无人机的智能返航功能，可以帮助用户一键返航无人机。需要注意的是，在使用一键返航功能时，一定要先刷新返航点，以免无人机飞到其他地方，而不是用户当前所在的位置。

⑳ 智能飞行 ▣：点击该按钮，可以使用无人机的智能飞行功能，如兴趣点环绕、一键短片、延时摄影、智能跟随以及指点飞行等模式。

㉑ 避障功能 ▣：点击该按钮，将弹出"安全警告"提示信息，提示用户在使用遥控器控制飞行器向前或向后飞行时，将自动绕开障碍物，如图4-37所示，点击"确定"按钮，即可开启该功能。

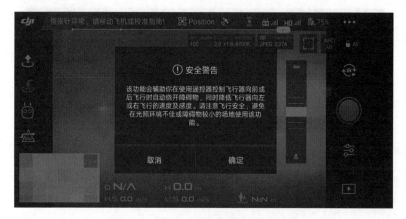

图4-37 弹出"安全警告"提示信息

> **专家提醒**
>
> 在界面底部还有一些字母和参数，比较重要的是距离和高度参数。
>
> O 参数代表无人机飞行器离起飞点的距离。
>
> H 参数代表无人机飞行器距离地面的高度。

进入相机
设置界面

035
设置 ISO 快门光圈参数

要想从无人机航拍摄影"菜鸟"晋升为"高手"，用户还必须了解 ISO、快门和光圈等基本的摄影知识，以及 DJI GO 4 App 中关于 ISO、快门和光圈的设置方法。

本节将为大家介绍如何设置相应的拍照参数。

1. 进入相机设置界面

使用无人机拍摄照片之前，如果用户想设置拍照的参数，则可以在 DJI GO 4 App 中进行设置。

下面介绍进入相机设置界面的方法。

步骤 01 开启无人机与遥控器设备，连接设备并进入 DJI GO 4 App 的飞行界面，点击右侧的参数调整按钮 ，如图 4-38 所示。

图4-38 点击右侧的参数调整按钮

步骤 02 进入 ISO、光圈和快门设置界面，如图 4-39 所示。其中包含四种拍摄模式，第一种是自动模式，第二种是光圈优先模式（A 挡），第三种是快门优先模式（S 挡），第四种是手动模式（M 挡）。

ISO的相关
设置

2. ISO 的相关设置

ISO 又可以称为感光度，即指手机摄像头感光元件对光线的敏感程度。ISO 的调整有两句口诀：数值越高，则对光线越敏感，拍出来的画面就越亮；反之，感光度数值越低，画面就越暗。

图4-39　ISO、光圈和快门设置界面

　　因此，无人机摄影朋友们可以通过调整 ISO 感光度将曝光和噪点控制在合适范围内。但需要注意的是，感光度越高，噪点就越多。

　　感光度是按照整数倍率排列的，有 100、200、400、800、1600、3200、6400 以及 12800 等，相邻的两挡感光度对光线敏感程度也相差一倍。

　　在相机设置界面的"自动模式"下，手机可以滑动 ISO 下方的滑块，调整 ISO 感光度参数，如图 4-40 所示。

图4-40　调整ISO感光度参数

　　图 4-41 所示可以清楚地看到，在固定光圈和快门过程中，不同的感光度对画面曝光有着不一样的效果。

图4-41　调整ISO感光度的画面变化

图 4-41 中左图为在低感光度下拍摄的，可以看出画面纯净度十分不错，暗部没有丝毫噪点，但画面整体明显处于偏暗、曝光不足状态；右图为高感光度拍摄的，画面的亮度得到了明显提升，也能看到部分画面细节。

光圈的相关设置

3. 光圈的相关设置

光圈是一个用于控制光线透过镜头进入机身内感光面光量的装置，光圈有一个非常具象的比喻，那就是我们的瞳孔。不管是人还是动物，在黑暗的环境中，瞳孔都会扩大，在灿烂的阳光下，瞳孔则会变小。

因为瞳孔的直径决定着进光量的多少，相机中的光圈同理，光圈越大，进光量则越大；光圈越小，进光量也就越小。

光圈除了可以控制进光量外，还有一个重要的作用——控制景深。光圈越大，光圈值越小，进光量越多，景深越浅；光圈越小，光圈值越大，进光量越少，景深越深。当全开光圈拍摄时，合焦范围缩小，可以让画面中的背景产生虚化效果。

在 DJI GO 4 App 的参数调整界面中，我们选择 A 挡（光圈优先模式）；在下方滑动光圈参数，可以设置光圈的大小，如图 4-42 所示。

图4-42 设置光圈的大小

图 4-43 所示可以清楚地看到，设置不同的光圈值对画面的曝光有不一样的效果。图 4-43 中左图设置的光圈较小，整体图像画面偏暗；右图设置的光圈较大，从而增加了曝光，照片会变亮一些。

图4-43 设置不同的光圈对画面的影响

4. 快门的相关设置

快门速度就是"曝光时间"，是指相机快门打开到关闭的时间。快门是控制照片进光量的重要部分，控制着光线进入传感器的时间。假如，把相机曝光拍摄的过程比作用水管给水缸装水，快门控制的就是水龙头的开关。水龙头控制装多久的水，而相机的快门则控制着光线进入传感器的时间。

在参数调整界面中快门的设置选项有 1/100、1/30、5、8 等，这里选择 S 挡（快门优先模式）；在下方滑动选择参数，可以任意设置快门速度，如图 4-44 所示。

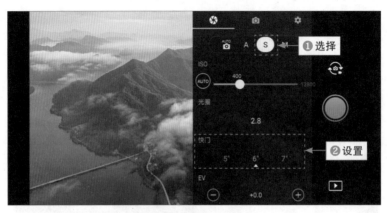

图4-44　设置快门速度

"高速快门"，顾名思义就是快门在进行高速运动，可以用于记录快速移动的物体，如汽车、飞机、飞鸟、宠物、烟花、水滴以及海浪等。图 4-45 所示就是用高速快门拍摄的烟花效果，高速快门可以清晰地拍摄出烟花的绽放过程。

图4-45　"高速快门"拍摄的照片

"慢速快门"的定义与高速快门相反，"慢速快门"是指快门以一个较低的速度进行曝光工作，通常这个速度要慢于 1/30s，一些无人机拍摄参数中的慢门时间最长为 8s。图 4-46 所示是用慢速快门拍摄的画面，长时间的曝光将车流的运动轨迹以光影的形式展示出来。

图4-46 "慢速快门"拍摄的照片

M挡手动
模式设置

5. M 挡手动模式设置

在 M 挡手动模式下，拍摄者可以任意设置照片的拍摄参数，对感光度、光圈和快门参数等，都可以根据实际情况进行手动设置，如图 4-47 所示，M 挡是专业摄影师们最喜爱的模式。

图4-47 M挡手动模式设置

036
设置照片尺寸与格式

使用无人机拍摄照片之前，设置好照片的尺寸与格式也很重要，不同的照片尺寸与格式会对使用途径产生影响。下面介绍设置照片尺寸与格式的方法。

1. 设置照片的拍摄尺寸

在 DJI GO 4 App 的参数调整界面中，照片有两种比例可供选择，一种是16：9的尺寸，另一种是3：2的尺寸，用户可以根据实际需要选择相应的照片尺寸，具体的设置方式如下。

设置照片的
拍摄尺寸

步骤 01 进入参数调整界面，选择"照片比例"选项，如图 4-48 所示。

图4-48　选择"照片比例"选项

步骤 02 进入"照片比例"设置界面，在其中可以选择拍摄照片需要的比例尺寸，如图 4-49 所示。

图4-49　选择拍摄需要的照片尺寸

图 4-50 所示为使用无人机拍摄的 16：9 尺寸的照片；图 4-51 所示为使用无人机拍摄的 3：2 尺寸的照片。

图4-50　拍摄的16：9尺寸的照片

图4-51　拍摄的3：2尺寸的照片

2. 设置照片的存储格式

在 DJI GO 4 App 的参数调整界面中，有三种照片格式可以设置：第一种是RAW格式，第二种是JPEG格式，第三种是JPEG + RAW的双格式，如图 4-52 所示，用户根据需要设置即可。

设置照片的
存储格式

图4-52 有三种照片格式可设置

设置照片拍
摄模式

037
设置照片拍摄模式

在使用无人机拍摄照片时，App 中提供了七种照片拍摄模式，如单拍、HDR、纯净夜拍、连拍、AEB（Auto Exposure Bracketing，自动包围曝光）连拍、定时拍摄以及全景拍摄等，不同的模式可以满足我们不同的日常拍摄需求。这个功能非常实用，也是学习无人机摄影的基础。下面介绍设置照片拍摄模式的操作方法。

步骤 01 在飞行界面中，点击右侧的参数调整按钮，进入参数调整界面，选择"拍照模式"选项，如图 4-53 所示。

图4-53 选择"拍照模式"选项

步骤 02 进入"拍照模式"界面，在其中可以查看用户可以使用的拍照模式，可以选择"连拍"选项，如图4-54所示。单拍是指拍摄单张照片；HDR（High-Dynamic Range，高动态范围图像）相比普通的图像，可以保留更多的阴影和高光细节；纯净夜拍可以用于拍摄夜景照片；连拍是指连续拍摄多张照片。

图4-54　选择"连拍"选项

步骤 03 在"连拍"模式下，有3张和5张的选项，可以用于抓拍高速运动的物体，如图4-55所示。

图4-55　"连拍"模式

💬 专家提醒

在"连拍"模式下，如果用户选择"3"选项，则表示一次性连拍3张照片；如果选择"5"选项，则表示一次性连拍5张照片，以按下拍照按钮◯开始。

步骤 04 AEB连拍是指自动包围曝光，有3张和5张的选项，相机以0.7的增减连续拍摄多张照片，适用于拍摄静止的大光比场景。定时拍摄是指以所选的间隔时间连续拍摄多张照片，下面有9个不同的时间可供选择，适合用户拍摄延时作品，如图4-56所示。

图4-56 定时拍摄

步骤 05 全景模式是一个非常实用的拍摄功能，用户可以拍摄四种不同的全景照片，如球形全景、180°全景、广角全景以及竖拍全景，如图4-57所示。

图4-57 四种全景模式

图 4-58 所示为使用 180° 全景拍摄的茶场画面。

图4-58 180° 全景拍摄的茶场画面

038
设置无人机相机参数

设置无人机
相机参数

用户在拍摄照片时，有时候也需要对相机的参数进行相关设置，使无人机能更好地服务于用户，如是否保存全景照片、是否显示直方图、是否锁定云台、是否使用风格构图以及设置照片的存储位置等，设置好这些参数，可以帮助用户更好地拍摄照片。

下面将为大家介绍如何设置无人机的相机参数。

步骤 01 在飞行界面中，点击右侧的参数调整按钮 ，进入拍摄参数调整界面；点击右上方的设置按钮 ，进入相机设置界面，如图 4-59 所示。

图4-59 进入相机设置界面

步骤 02 分别点击"拍照时锁定云台""启用连续自动对焦""飞行时同步高清照片"右侧的按钮 ，开启这三项拍照功能，使按钮呈绿色显示 ，如图 4-60 所示。

步骤 03 从下往上滑动屏幕，选择"显示网格"选项，进入"显示网格"界面，选择"网格线"选项，即可开始网格功能，如图 4-61 所示。网格功能又称为九宫格，可以帮助用户在拍照时对画面进行良好地构图，此时左侧的预览窗口中会显示白色的网格线。

图4-60 开启三项拍照功能

图4-61 显示了白色的网格线

步骤 04 点击返回按钮 ，返回相机设置界面，选择"中心点"选项，进入"中心点"界面，在其中可以设置取景框中的中心点样式，如图4-62所示。

图4-62 设置取景框中的中心点样式

071

步骤 05 点击返回按钮 ，返回相机设置界面，选择"存储位置"选项，进入"存储位置"界面，在其中可以设置照片的存储位置，如图 4-63 所示。

💬 专家提醒

视频字幕最好保持关闭，否则视频会显示一些包含字母和数字的字幕。

图4-63 设置照片的存储位置

039 设置无人机视频参数

设置无人机视频参数

用户使用无人机拍摄视频之前，也需要先对视频的相关参数进行设置，使拍摄的视频文件更加符合用户的需求。如果视频选项设置不当，则有可能导致视频白拍。

下面介绍无人机中比较重要的几种视频参数设置方法。

步骤 01 在飞行界面中，切换至录像模式 ；点击右侧的参数调整按钮 ，进入相机调整界面；在视频设置界面中选择"视频尺寸"选项，如图 4-64 所示。

图4-64 选择"视频尺寸"选项

步骤 02 进入"视频尺寸"界面，用户可以在其中选择视频的录制尺寸，一般在没有特别需求的情况下，不建议选择 4K 的视频尺寸，因为这种视频尺寸所占的内存容量很大，普通用户拍摄视频选择 1920×1080 的视频尺寸足矣，在视频尺寸下还可以选择视频的帧数，如图 4-65 所示。

图4-65　"视频尺寸"界面

步骤 03 点击返回按钮 **<**，返回视频设置界面，选择"视频格式"选项，进入"视频格式"界面，在其中有两种视频格式可供用户选择，一种是 MOV 格式，另一种是 MP4 格式，如图 4-66 所示。

图4-66　"视频格式"界面

步骤 04 点击返回按钮 **<**，返回视频设置界面，点击右上方的设置按钮 ⚙，进入相机设置界面，从下往上滑动屏幕；在界面最下方可以设置延时摄影的相关信息，以及是否需要重置相机参数，如图 4-67 所示，设置完成即可。

图4-67　设置延时摄影的相关信息

💬**专家提醒**

　　在航拍延时的时候，我们可以设置保存延时摄影的原片，因为无人机在拍摄完成后，只会合成一个1080P的延时视频，这个视频像素是无法满足我们需求的，只有保存了原片，后期调整空间才会更大，制作出来的延时效果才会更好看。

040 使用自带编辑器创作视频

　　DJI GO 4 App自带"编辑器"功能，用户可以在"编辑器"界面中剪辑和制作出自己想要的视频效果。用户可以调整视频的亮度、饱和度等，使视频画质更符合用户的需求。

使用自带
编辑器创作
视频

　　处理好视频画面后，还可以为视频添加背景音乐和字幕效果；最后再将视频导出来，可以分享至朋友圈或其他个人社交网站上。

　　在DJI GO 4 App主界面中，点击下方的"编辑器"按钮，进入"编辑器"界面中的"图库"选项卡，可以查看拍摄好的视频和照片文件，如图4-68所示。

　　下面介绍使用自带编辑器创作视频的方法。

步骤01 在"编辑器"中点击"创作"按钮，进入"创作"选项卡；点击"影片－自由编辑"按钮，如图4-69所示。

步骤02 在"视频"选项卡中选择需要编辑的视频；点击"创建作品"按钮，进入视频编辑界面，如图4-70所示。

步骤03 向右拖曳视频素材左侧的白色边框，裁剪视频，设置时长为11s，如图4-71所示。

图4-68 查看拍摄好的视频和照片文件

图4-69 点击"影片-自由编辑"按钮

图4-70 点击"创建作品"按钮

图4-71 拖曳白色边框

步骤 04 选择视频，设置"速度"参数为"1.5x"，加快播放速度，如图 4-72 所示。

步骤 05 设置"饱和度"参数为"8"，让画面色彩更加鲜艳一些，如图 4-73 所示。

步骤 06 设置"音量"参数为"0"，让视频为静音，如图 4-74 所示。

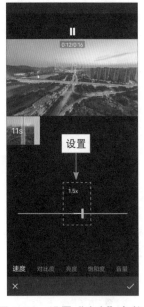  

图4-72 设置"速度"参数　　图4-73 设置"饱和度"参数　　图4-74 设置"音量"参数

步骤07 点击界面下方的音乐图标🎵，进入音乐编辑界面；选择一段背景音乐，如图 4-75 所示，其中有时尚、史诗、运动、积极、振奋以及温和等音乐类型可供选择。

步骤08 点击界面下方的特效图标🪄，进入特效编辑界面；在下方选择"唯美"风格的色调，如图 4-76 所示。

步骤09 点击界面下方的文字图标🅣，进入文字编辑界面；选择下方的第二个字体样式；此时上方预览窗口中显示"点击编辑"字样，可以手动添加文字，如图 4-77 所示。

图4-75 选择一段背景音乐　　图4-76 选择"唯美"风格　　图4-77 显示"点击编辑"字样

步骤 10 在文字编辑界面中选择最后一个文字样式，添加字幕效果；点击"完成"按钮，导出视频，如图 4-78 所示。

步骤 11 开始导出视频，并显示导出进度，如图 4-79 所示。

步骤 12 视频导出后，进入"分享"界面，在其中可以输入相应文字并添加标签，点击右上角的"分享"按钮，即可将视频分享到大疆社区，通过下方的各平台按钮，用户还可以将视频分享至微信、QQ 以及微博等社交平台，如图 4-80 所示。

图4-78 点击"完成"按钮

图4-79 显示导出进度

图4-80 点击"分享"按钮

步骤 13 在相册中可以查看制作的视频，画面效果如图 4-81 所示。

图4-81 画面效果

041
查看飞行记录及隐私设置

查看飞行记录及隐私设置

在 DJI GO 4 App 主界面中，用户可以查看自己的飞行记录，如飞行总时间、总距离和总次数等，还可以对相关的隐私进行设置。

下面介绍具体的设置方法。

步骤 01 在 DJI GO 4 App 主界面中点击下方的"我"按钮，进入个人信息界面；选择"飞行记录"选项，如图 4-82 所示。

步骤 02 进入飞行信息界面，在其中可以查看自己的飞行记录，如图 4-83 所示，用户向左滑动屏幕，还可以查看飞行器的相关记录。

步骤 03 界面下方显示一个"记录列表"，从下往上滑动屏幕，可以查看全部飞行数据，如图 4-84 所示。

步骤 04 返回至个人信息界面，点击右上角的设置按钮，进入"设置"界面，选择"隐私"选项，如图 4-85 所示，进入隐私设置界面，在其中可以设置 DJI GO 4 的相关隐私，点击右侧的按钮，可以开启或关闭相关功能。

图4-82 选择"飞行记录"选项

图4-83 查看飞行记录

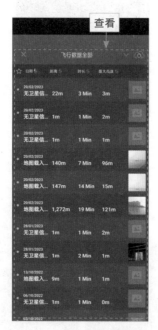

图4-84 查看全部飞行数据

图4-85 选择"隐私"选项

第5章

首飞准备：
9个技巧确保初次安全飞行

学 | 习 | 提 | 示 ────────────────────

　　经过前面四章的学习，我们对无人机的基础知识有了基本的了解和掌握，接下来我们要开始学习无人机正确飞行的相关技巧。初次起飞时，很多用户的心中都是非常紧张的，毕竟无人机的价格很贵，一不小心摔坏了可不好；因此本章主要向读者介绍无人机正确起飞与安全降落的一系列操作技巧。只要用户掌握了这些技巧，再学着去操控无人机，多加练习，就可以安全地飞行无人机。

042
器材的准备清单

在使用无人机进行航拍之前，我们要对器材有充分的准备，如果因为缺少器材而无法完成拍摄，这样就会浪费一些不必要的人力、物力和财力。

下面介绍器材的准备清单。

❶ 无人机。

❷ 遥控器。

❸ 一对备用螺旋桨。

❹ 两块充满电的备用电池。

❺ 一个充满电的充电宝。

❻ 充电器一个，可以双充无人机电池与遥控器。

❼ 一部智能手机（备用）。

❽ 一张 SD 存储卡（备用）。

❾ 镜头清洁工具（包括软毛镜头清洁刷、镜头清洁液、清洁布等），如图 5-1 所示。

❿ 工具箱（含六角扳手、螺丝刀、剪刀、双面胶带、束线带、锋利小刀、电烙铁、剥线钳等），如图 5-2 所示。

图5-1　镜头清洁工具

图5-2　工具箱套装

💬 **专家提醒**

对于摄影爱好者，还可以携带微单、单反相机、三脚架以及手机相机稳定器等器材。

043 无人机的飞行清单

我们在使用无人机进行航拍前，需要有一个飞行清单，也就是飞行前的一系列检查操作，以确保无人机的安全飞行。

1. 检查飞行的环境

① 当天的天气是否适合航拍，天空是否晴朗，是否有云，风速如何。

② 飞行的区域是否属于禁区飞，是否属于人群密集区。

③ 附近是否有政府大楼。

④ 起飞的地点是否有铁栏杆，或者信号塔。

⑤ 起飞的上空是否有电线、建筑物、树木或者其他遮挡物。

2. 检查无人机设备

① 检查机身是否有裂纹或损伤。

② 检查机身上的螺旋桨是否拧紧。

③ 检查电池是否安装紧，是否充满电；备用电池是否在包里。

④ 遥控器和手机是否已充满电。

⑤ 存储卡是否已安装在无人机上，卡里是否还有存储空间；是否携带备用 SD 卡。

⑥ 根据拍摄内容的多少，是否有必要带上充电宝。

3. 飞行前的检查清单

① 将无人机放在干净、平整的地面上起飞。

② 取下相机的保护罩，确保相机镜头的清洁。

③ 首先开启遥控器，然后开启无人机。

④ 正确连接遥控器与手机。

⑤ 校准指南针信号和 IMU。

⑥ 等待全球定位系统锁定。

⑦ 检查 LED 显示屏是否正常。

⑧ 检查 DJI GO 4 App 启动是否正常，图传画面是否正常。

⑨ 如果一切正常，即可以开始起飞无人机。

044 素材的拍摄清单

素材的拍摄清单是指拍摄计划表。导演在拍电影前，也会有一个拍摄计划表，这样才不会导致无人机飞到空中后，不知道要拍摄什么。

列出相关的素材拍摄清单如下。

① 你准备要拍什么，拍哪个对象，往哪个方向进行拍摄。

② 你准备在什么时间拍摄：是早晨，上午，中午，下午，还是晚上。

③ 使用无人机是准备拍照片还是拍视频，或是拍延时视频？

④ 准备拍摄多少张照片、多少段视频。

⑤ 准备拍摄多大像素的照片，多大尺寸的视频。

⑥ 你要运用哪些模式进行拍摄，如单拍、连拍、夜景拍摄、全景拍摄、竖幅拍摄等。

当以上问题都计划清楚了，再开始飞行无人机，有目的地去飞行与拍摄，这样会提高飞行效率，因为你已经明确了目标。很多新用户在刚开始飞行无人机的时候，只想着先把无人机飞上去，看看传送回来的图传界面有没有美景，再思考要拍什么，这个时候就会浪费时间，因为无人机电池的电量有限，可能飞行一段时间就没电了，于是也很难再进行拍摄了。

045 准备好遥控器

准备好遥控器

在飞行无人机之前，我们首先要准备好遥控器。请按以下顺序进行操作，正确展开遥控器，并连接好手机等移动设备。

步骤 01 将遥控器从背包中取出来，如图5-3所示。

步骤 02 以正确的方式展开遥控器的天线，确保两根天线正确打开，如图5-4所示。

图5-3 将遥控器从背包中取出来

展开遥控器的天线
图5-4 展开遥控器的天线

步骤 03 将遥控器下方的两侧手柄平稳地展开，如图5-5所示。

步骤 04 取出左侧的遥控器摇杆，通过旋转的方式拧紧，如图5-6所示。

图5-5 平稳地展开两侧手柄

拧紧左侧摇杆
图5-6 拧紧左侧的摇杆

步骤 05 取出右侧的遥控器摇杆，通过旋转的方式拧紧，如图5-7所示。

步骤 06 接下来开启遥控器，首先短按一次遥控器电源开关，然后长按3秒，松手后，即可开启遥控器的电源，此时遥控器在搜索飞行器，如图5-8所示。

图5-7 拧紧右侧的摇杆

图5-8 开启遥控器电源开关

步骤 07 当遥控器搜索到飞行器后，即可显示相应的状态屏幕，如图5-9所示。

步骤 08 找到遥控器上连接手机接口的数据线，如图5-10所示。

图5-9 显示相应的状态屏幕

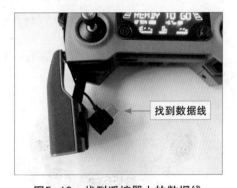

图5-10 找到遥控器上的数据线

步骤 09 将数据线的接头插入手机接口中，进入正确连接，如图5-11所示。

步骤 10 将手机卡入两侧手柄的插槽中，卡紧稳固，即可准备好遥控器，如图5-12所示。

图5-11 将数据线的接头插入手机接口中

图5-12 将手机卡入两侧手柄的插槽中

046
准备好飞行器

准备好遥控器后，接下来我们需要准备好飞行器，请按以下顺序展开飞行器的机臂，并安装好螺旋桨和电池，具体步骤和流程如下。

步骤 01 将飞行器从背包中取出来，平整地摆放在地上，如图 5-13 所示。

图5-13　将飞行器平整地摆放在地上

步骤 02 将云台相机的保护罩取下来，底端有一个小卡口，轻轻往里按一下，保护罩就会被取下来，如图 5-14 所示。

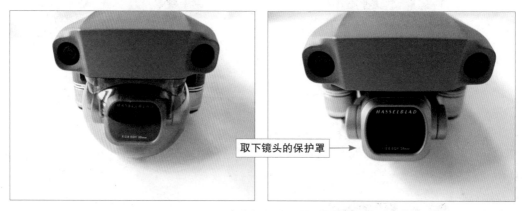

取下镜头的保护罩 →

图5-14　将云台相机的保护罩取下来

步骤 03 如图 5-15 所示，首先将无人机的前臂展开，图 5-15 中注明了前臂的展开方向，外往展开前臂的时候，动作一定要轻，太过用力可能会掰断无人机的前臂。

步骤 04 用同样的方法，将无人机的另一只前臂展开，如图 5-16 所示。

💬 **专家提醒**

如果是全新的飞行器，当用户首次使用 DJI GO 4 App 时，需要激活才能使用。激活时请用户确保手机等移动设备已经接入互联网。

图5-15　将无人机的前臂展开

图5-16　将无人机的另一只前臂展开

步骤 05 通过往下旋转展开的方式，展开无人机的后机臂，如图 5-17 所示。

步骤 06 安装好无人机的电池，两边有卡口按钮，按下去并按紧，如图 5-18 所示。

图5-17　展开无人机的后机臂

按紧电源

图5-18　安装好无人机的电池

步骤 07 展开无人机的前机臂和后机臂，并安装好电池，整体效果如图 5-19 所示。

步骤 08 接下来安装螺旋桨，将桨叶安装卡口对准插槽位置，如图 5-20 所示。

步骤 09 轻轻按下去，并旋转拧紧螺旋桨，如图 5-21 所示。

步骤 10 用与上述同样的方法，旋转拧紧其他的螺旋桨，整体效果如图 5-22 所示。

图5-19　无人机整体效果

对准插槽

图5-20　将桨叶安装卡口对准插槽

图5-21　旋转拧紧螺旋桨

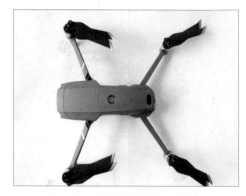

图5-22　旋转拧紧其他的螺旋桨

步骤 11 首先短按电池上的电源开关键，然后长按 3s，再松手，即可开启无人机的电源，如图 5-23 所示。此时指示灯上亮了 4 格电，表示无人机的电池是充满电的状态。

图5-23　开启无人机的电源

> **专家提醒**
>
> 在无人机上，短按一次电源开关键，可以看到电池还剩下多少电量。当用户需要关闭无人机时，依然是先短按一次电源开关键，再长按 3s，松手后，即可关闭无人机。

047
正确安全地起飞

正确安全地起飞

当我们按照以上步骤，准备好遥控器与飞行器后，接下来开始学习如何起飞无人机，下面介绍具体的操作方法。

步骤 01 在手机中，打开 DJI GO 4 App，进入 App 启动界面，如图 5-24 所示。

步骤 02 稍等片刻，进入 DJI GO 4 App 主界面，左下角提示设备已经连接，点击右侧的"开始飞行"按钮，如图 5-25 所示。

图5-24 进入App启动界面

图5-25 点击"开始飞行"按钮

步骤 03 进入 DJI GO 4 飞行界面后，状态栏中提示用户指南针异常，需要重新校正指南针的方向，如图 5-26 所示。

图5-26 重新校正指南针的方向

💬 **专家提醒**

在 DJI GO 4 飞行界面中，如果界面中提示用户"电池温度低于15℃，性能会显著下降，影响飞行安全"，此时建议用户将电池充满电，并预热至 25℃以上，然后再飞行。

步骤 04 用户可以根据第 2 章 014 例的方法，重新校正指南针，当用户校正好指南针后，状态栏中将显示"起飞准备完毕（GPS）"的提示信息，表示飞行器已经准备好，用户随时可以起飞，如图 5-27 所示。

图5-27　显示"起飞准备完毕（GPS）"的信息

步骤 05 我们通过拨动摇杆的方向来启动电动机，可以将两个摇杆同时向内掰，或者同时向外掰，如图 5-28 所示，即可启动电动机，此时飞行器螺旋桨启动，开始旋转。

步骤 06 我们开始起飞无人机。如图 5-29 所示，将左摇杆缓慢地向上推动，飞行器即可起飞，慢慢上升，当我们停止向上推动摇杆时，飞行器将在空中悬停。这样，我们就正确安全地起飞无人机了。

图5-28　将两个摇杆同时向内掰或者同时向外掰

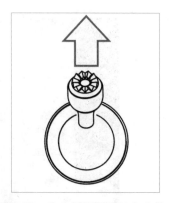

图5-29　将左摇杆缓慢地向上推动

048
安全降落无人机

安全降落
无人机

　　飞行完毕后，要开始下降无人机时，可以将左摇杆缓慢地向下推，无人机即可缓慢降落，如图 5-30 所示。

> **专家提醒**
>
> 在下降的过程中，用户一定要盯紧无人机，并将无人机降落在一片平整、干净的区域。注意下降的地方不能有人群、树木以及杂物等，特别需要防止小孩靠近。

当无人机降落至地面后，用户可以通过两种方法停止电动机的运转：一种是将左摇杆推到最低的位置，并保持 3s 后，电动机即可停止；第二种方法是执行掰杆动作，将两个摇杆同时向内掰，或者同时向外掰，即可停止电动机，如图 5-31 所示。

图5-30 将左摇杆缓慢地向下推

图5-31 将两个摇杆同时向内掰或者同时向外掰

> **专家提醒**
>
> 在启动电动机和停止电动机时，都可以向内掰摇杆或者向外掰摇杆，这些掰杆的操作方法是通用的。

049 平稳与慢速飞行

当无人机飞到空中后，我们要学习的第一个飞行技巧就是平稳与慢速地飞行，特别是对于初学者来说，这一技巧非常实用。那么，我们应该如何慢速地飞行无人机呢？在拨动遥控器的摇杆时，轻轻、缓慢地拨动，拨动幅度不要太大，拨得越轻，说明加的油门越小，飞行速度就会越慢；相反，如果拨动幅度大，说明加的油门越大，那么飞行速度就会越快。

平稳与慢速地飞行，可以使用户在空中拍摄照片或视频时，画面更加稳定、清晰，拍出来的照片和视频也更加有大片感。不熟悉无人机的飞行模式和飞行技巧前，一定要坚持"平稳与慢速"这一飞行原则，而且每次在飞行的时候，尽量只采取一种运动方式，要么只往前飞，要么只往上升，要么只往后退，或者只向左或向右等。图5-32所示为只向前飞行无人机的画面拍摄效果。

用户在操作一种飞行运动方式时，每次不要超过 10s，先学会一些简单的拍摄方式。经过逐渐的练习，掌握了这些简单的飞行操作方式后，就可以再着手练习一些稍微复杂一些的飞行运动方式，拍摄出更精彩的视频或照片。

这是无人机航拍的福建土楼景区。遥控器的操作方式是：缓慢向前推动右侧摇杆，使无人机缓慢地向前飞行，匀速平稳飞行。

图5-32　无人机向前飞行拍摄的画面效果

> **专家提醒**
>
> 　　当用户在航拍的时候，最好在航拍飞行之前就计划好要拍摄的镜头，从哪个方向拍、从哪里起飞、到哪里停止等。事先规划好，就可以避免反复拍摄同一个场景。

050
细微地飞行移动

　　细微地飞行移动是指精确地拨动摇杆，使无人机能够平稳地移动，对画面进行精确的调节，其目的也是拍摄出稳定的画面。任何加大油门的快速飞行，都有可能造成无人机的坠毁。用户在航拍镜头时，采用细微的飞行移动方式，将有助于素材的后期处理。

　　在正式航拍之前，建议用户在模拟飞行器上先练习一下，掌握好飞行的动作和速度，有些 App 还可以将模拟飞行的路线全程记录下来，用户可以多看几遍，如果有哪些画面不符合要求，还可以进行修正。航拍之前，建议用户当天先进行试飞，了解当时空中的风力情况，以及把握当天的天气是否符合素材的拍摄要求。这一切的练习，都是为了安全飞行，为拍摄出稳定的素材画面做准备。

图 5-33 所示为作者通过细微地飞行移动拍摄的沿海风光宣传片。

图5-33 通过细微地飞行移动拍摄的沿海风光宣传片

第6章

飞拍实训：
11种飞手考证必备实训动作

学 | 习 | 提 | 示

　　在上一章中我们学习了如何起飞无人机，我们将无人机安全起飞后，需要学会一些飞行动作来控制无人机的飞行。本章将介绍11种飞手考证必备的实训动作，有上升、悬停、降落、直线飞行、原地转圈拍摄以及画8字拍摄等。希望通过本章的内容，各位飞手可以学习和掌握飞行拍摄动作要领，成为一名合格的无人机飞行员，安全地飞行无人机。

051 上升、悬停和降落拍摄

上升、悬停

和降落拍摄

上升、悬停和降落是学习无人机飞行的第一步，用户只有熟练地掌握了这三种基本的飞行操作，才能更好地飞行无人机。我们要通过这些基础的飞行训练，熟悉控制摇杆的感觉。

1. 飞行演示

❶ 开启无人机后，将左侧的摇杆缓慢地向上推，让无人机上升飞行。推杆的幅度可以轻一些，缓一些，使无人机上升至空中，尽量避免无人机在地面附近盘旋。

❷ 当无人机上升至一定高度后，松开左侧的摇杆，使其自动回正，此时无人机的飞行高度、旋转角度均保持不变，处于空中悬停的状态，如图6-1所示。

图6-1 使无人机上升至空中

无人机在上升过程中，切记一定要在自己的可视范围内飞行，而且飞行高度不能超过125m。

❸ 当无人机飞至高空后，下面开始练习下降无人机，将左侧的摇杆缓慢地往下推，无人机即可开始下降，如图6-2所示。下降时推杆一定要慢，以免气流影响无人机的稳定性。

图6-2 无人机开始下降

2. 实拍演练

用户在上升无人机的过程中，如果看到了漂亮的美景，也可以停止飞行，按下遥控器上的拍摄按钮，进行拍照或者视频录制。实拍演练如图 6-3 所示。

图6-3　实拍演练

052 直线飞行拍摄

直线飞行
拍摄

直线飞行是最简单的飞行手法，首先需要让无人机飞升至一定的高度。

1. 飞行演示

❶ 调整好镜头的角度。

❷ 将右侧的摇杆缓慢地向上推，无人机向前飞行，如图 6-4 所示。

图6-4　无人机向前飞行

如果用户想拍摄慢慢后退的镜头，则可以按以下操作进行。

❶ 首先调整好镜头的角度。

❷ 将右侧的摇杆缓缓地向下推，无人机即可向后倒退飞行，如图6-5所示。

图6-5　无人机向后飞行

2. 实拍演练

无人机在前进飞行的时候，最好朝着目标物前进，这样能让画面具有层次感；后退也可以先选择主体目标，再进行后退飞行，让无人机离主体目标越飞越远，展现主体的全貌及其周围的环境。实拍演练如图6-6所示。

图6-6　实拍演练

053
360° 旋转拍摄

360° 旋转
拍摄

360° 旋转又称为原地转圈，是指当无人机飞到高空后，进行360° 的原地旋转。

1. 飞行演示

360° 旋转拍摄的方法很简单，主要分为两种：一种是从左向右旋转，一种是从右向左旋转。

当无人机处于高空中，向左推动左侧摇杆，无人机将从右向左旋转，如图 6-7 所示。

图6-7　无人机从右向左旋转

2. 实拍演练

将左侧的摇杆慢慢地向左推，此时无人机将从右向左 360° 旋转一圈。实拍演练如图 6-8 所示。

图6-8　实拍演练

054 方形飞行拍摄

方形飞行拍摄

方形飞行是指让无人机按照设定的方形路线进行飞行。

在方形飞行的过程中，相机的朝向不变，无人机的旋转角度不变，只需要通过右摇杆的上下左右推杆，调整无人机的飞行方向即可。

1. 飞行演示

方形路线飞行如图6-9所示，具体操作方法如下。

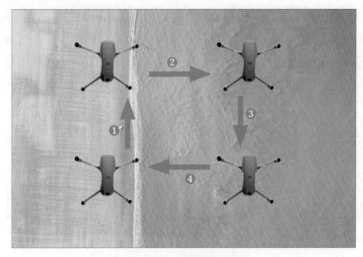

图6-9　方形路线飞行

❶ 向上拨动右摇杆，无人机将向前飞行。

❷ 向右拨动右摇杆，无人机将向右飞行。

❸ 向下拨动右摇杆，无人机将向后倒退飞行。

❹ 向左拨动右摇杆，无人机将向左飞行，悬停在刚开始起飞的位置。

2. 实拍演练

根据上图的方形飞行路线，向上拨动左摇杆，将无人机上升到一定的高度，保持无人机的相机镜头在用户站立的正前方，然后开始练习，实拍演练如图6-10所示。

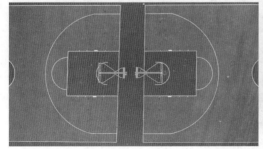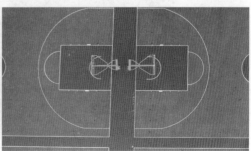

图6-10　实拍演练

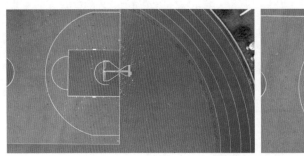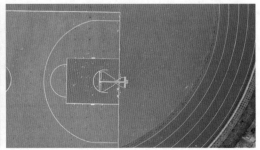

图6-10（续）

专家提醒

无人机在进行方形飞行的时候，用户可以拨动俯仰控制轮，将相机垂直90°俯拍地面，这样就可以拍摄出理想的效果。

055 飞进飞出拍摄

飞进飞出
拍摄

前面四个小节都是左右摇杆单独训练，帮助用户打好飞行基础。从本实例开始，我们将做同时操控左右摇杆的训练，帮助用户快速找到控制双摇杆的感觉。

1. 飞行演示

下面介绍飞进飞出的飞行拍摄技巧。飞进飞出是指将无人机向前飞行一段路径后，通过向左或向右旋转180°，再飞回来的过程。熟练掌握飞进飞出的拍摄，有利于用户找到双手同时操作无人机的感觉，如图6-11所示。

图6-11　飞进飞出的飞行技巧

2. 实拍演练

根据上图无人机飞进飞出的飞行路线，首先将无人机飞行到用户站立的正前方，上升到一定高度，相机镜头朝向前方，然后再进行练习，具体操作方法如下。

❶ 右手向上拨动右摇杆，无人机将向前飞行。

❷ 左手向左拨动左摇杆，让无人机向左旋转180°。

❸ 旋转完成后，释放左手的摇杆，右手向上拨动右摇杆，无人机将向前飞行，也就是迎面飞回来。

执行上述三个步骤的操作后，即可完成无人机飞进飞出的练习操作，实拍演练如图6-12所示。

图6-12　实拍演练

056
画圆圈飞行拍摄

画圆圈飞行拍摄是指围绕某一个物体进行360°旋转的飞行拍摄，这种飞行方式与第053招的360°旋转拍摄有一定的区别.

第053招讲的是原地不动旋转360°，而本实例讲的是移动位置让无人机环绕某一物体飞行360°，难度会稍微大一点。

1. 飞行演示

以左侧山顶为中心聚焦点，让无人机围绕山顶画圆圈360°飞行拍摄，如图6-13所示。

> **专家提醒**
>
> 　　飞行界面中有一种智能飞行模式，叫作"兴趣点环绕"模式，这种飞行模式与本实例的画圆圈飞行模式比较相似，都是围绕某一物体进行360°旋转拍摄，不过一个是自动环绕，另一个是手动环绕。
>
> 　　在环绕飞行的时候，可以找寻一个环绕中心点，这样会让飞行更加顺利。

图6-13　让无人机环绕主体旋转飞行360°拍摄

2. 实拍演练

让无人机画圆圈飞行的具体操作方法如下。

❶ 将无人机上升到一定高度，将相机镜头朝向主体。

❷ 右手向右侧拨动右摇杆，无人机将向右侧飞行，推杆的幅度要小一些，油门给小一些，同时左手向左拨动左摇杆，使无人机逆时针环绕飞行（这里需要注意一点，用户推杆的幅度，决定着画圆圈的大小和飞行速度）。

上面介绍的是逆时针环绕飞行，如果用户希望无人机顺时针旋转飞行360°，只需要将右摇杆往左推，左手向右拨动左摇杆，即可顺时针画圆圈飞行360°。实拍演练如图6-14所示。

图6-14　实拍演练

图6-14（续）

057
画8字飞行拍摄

画8字飞行

拍摄

　　画8字飞行是比较有难度的一种飞行动作，用户对前面几组飞行动作都已经熟练掌握后，接下来就可以开始练习画8字飞行了。画8字飞行既会用到左右摇杆的很多功能，又需要左手和右手完美配合。

1. 飞行演示

　　左摇杆需要控制好无人机的航向，即相机的方向，右摇杆需要控制好无人机的飞行方向，画8字飞行的路径如图6-15所示。

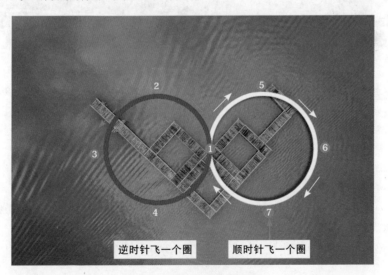

逆时针飞一个圈　　顺时针飞一个圈

图6-15　画8字的飞行路径

💬 专家提醒

　　如果用户对上面的六组飞行动作都很熟练了，那么画8字飞行还是非常简单的。只要无人机反应足够灵敏，就可以轻而易举地画出8字轨迹。画8字飞行也是无人机考证的重点考试内容，希望用户可以熟练掌握。

2. 实拍演练

无人机画8字飞行的具体操作方法如下。

① 根据上一例056招画圆圈的飞行动作，逆时针飞一个圆圈。

② 逆时针飞行完成后，立刻转换方向，通过向左或向右控制左摇杆，以顺时针的方向飞另一个圆圈。

这些飞行动作用户一定要反复练习多次，直到能非常熟练地使用双手同时操作摇杆，流畅地完成各种飞行动作，实拍演练如图6-16所示。画8字飞行也需要设置两个平行的环绕中心点。

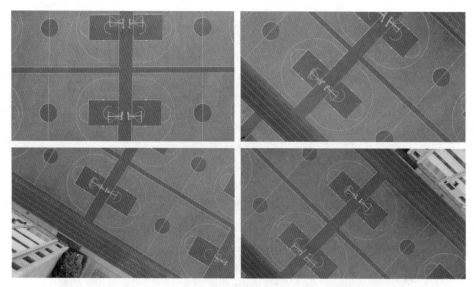

图6-16 实拍演练

只要大家掌握了画圆圈飞行拍摄的摇杆原理，那么也能掌握画8字飞行的技巧。希望大家在线下多加练习，只有多进行飞行实践，才能熟练地掌握这些飞行动作。

058
垂直90°拍摄

垂直90°拍摄

垂直90°拍摄是指将无人机上升到一定高度后，通过拨动遥控器背面的"云台俯仰"拨轮，实时调节云台的俯仰角度到垂直90°，如图6-17所示。

图6-17 拨动遥控器背面的"云台俯仰"拨轮

1. 飞行效果

垂直90°是无人机俯拍的最大角度，所以将"云台俯仰"拨轮拨到底，即可使相机垂直90°拍摄地面，使用无人机垂直90°拍摄的画面效果如图6-18所示。

> **💬 专家提醒**
>
> 在航拍飞行的时候，我们可以通过拨动"云台俯仰"拨轮，以不同的鸟瞰角度来观察需要拍摄的对象，看看哪一个角度拍摄出来的画面效果最好。垂直90°拍摄也叫"上帝视角"，这种角度拍摄的画面比较具有震撼感，在影视中也会经常被用到，主要用于拍摄大场面，如俯拍车辆在道路追赶的画面。

图6-18　无人机垂直90°拍摄的画面效果

上面这张农场稻田的照片，如果是俯视斜角45°拍摄，航拍效果便会有所区别，如图6-19所示，拍摄效果会给人不同的感觉。

图6-19　俯视斜角45°拍摄的照片

当用户让无人机用垂直90°的方式拍摄照片或视频时，一定要让无人机在可视范围内飞行，因为当相机垂直90°向下拍摄的时候，用户无法通过图传屏幕看到无人机的前方会有哪些障碍物，所以最好选择没有障碍物的上空进行飞行和拍摄。

2．实拍演练

无人机在垂直90°俯拍的时候，可以稍微旋转一点角度，实现斜线构图的效果，实拍演练如图6-20所示。

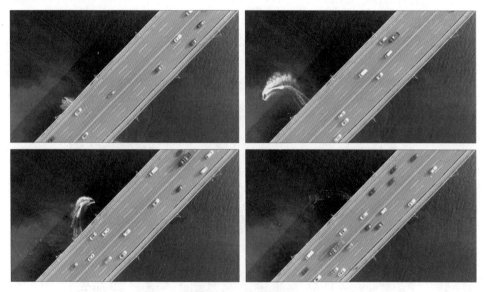

图6-20　实拍演练

059 展现镜头拍摄

展现镜头
拍摄

展现镜头是指无人机向前飞行的时候，逐渐展现镜头中的内容，有一种"柳暗花明又一村"的感觉。一般在电影或者影视剧的开头部分，会出现这样的镜头：最开始画面出现的是一座山，山后面有一个美丽的小村庄，小村庄后面有一个大型的赛马场，赛马场后面有一片清澈的圣湖。这样逐渐展现景物的镜头就是展现镜头。

1．飞行演示

图6-21所示为以逐渐展现镜头的方式拍摄的场景。

逐渐展现镜头的拍摄方式十分简单，右手向上拨动右摇杆，无人机将向前飞行，速度一定要慢；同时慢慢地拨动"云台俯仰"拨轮，将镜头向上倾斜，逐渐展现出用户需要拍摄的前方对象。

如果用户想拍出倒退的展现镜头，那么遥控器的操作方法刚好相反，右手向下拨动右摇杆，无人机将向后进行倒退，在倒退飞行的同时慢慢地拨动"云台俯仰"拨轮，将镜头向下倾斜，展示需要拍摄的对象，效果如图6-22所示。

图6-21 以逐渐展现镜头的方式拍摄的场景

图6-22 向后进行倒退镜头向下倾斜的拍摄效果

专家提醒

无人机在后退飞行的时候，用户一定要保证无人机的后方没有障碍物，因为无人机在倒退的时候，我们无法通过图传屏幕看到无人机后方的状态，所以尽量让无人机在可视范围内飞行。

2. 实拍演练

在拍摄展现镜头前，先让无人机的相机云台处于俯视状态，然后再前进飞行，并抬高相机，实拍演练如图6-23所示。

图6-23 实拍演练

060 飞行穿越拍摄

飞行穿越的难度是比较高的，因为在穿越的过程中视线会受到一定的影响，但是拍摄出来的作品效果是非常好的。例如，穿过黑暗的山洞拍摄山洞之外的风景。如果你是一位飞行高手，往往无人机飞行穿越的速度越快，就越能给观众带来刺激的视觉享受。

1. 飞行演示

图6-24所示为无人机在飞行穿越时拍摄的画面效果。无人机飞行穿越大门，然后拍到了大门前面的美丽山峰。

大部分用户在拍摄这种飞行效果时，会由于视线受阻导致心情紧张，建议用户飞行的速度不要过快，一定要稳，否则会有一定的拍摄风险。后期我们也可以通过视频剪辑软件来加快视频的播放速度，这样也能带来一定的视觉冲击力。

> **专家提醒**
>
> 用户一定要熟练掌握无人机的飞行操作后，才可以去尝试这种飞行穿越的拍摄手法，否则容易导致炸机。笔者有一位摄影朋友，购买了一台无人机，没飞几次，就想尝试用无人机穿越桥洞，拍摄出飞行穿越的效果，结果由于操作不够熟练，导致无人机撞在洞顶上而炸机。

图6-24　飞行穿越时拍摄的画面效果

专家提醒

　　用户如果想获得更加刺激的飞行穿越体验，可以购买大疆的穿越机系列，如大疆 Avata 穿越无人机，可以实现第一人称飞行穿越的沉浸式体验。

2. 实拍演练

　　在飞行穿越的时候，一定要估量飞行高度，规划好飞行路线，避免无人机撞到障碍物。让无人机向前飞行穿过桥梁，就可以实现飞行穿越，实拍演练如图 6-25 所示。

图6-25　实拍演练

跟随移动
目标拍摄

061
跟随移动目标拍摄

　　跟随移动目标拍摄是指无人机跟随着某个目标飞行拍摄，通常跟拍汽车、游船的比较多，这种拍摄方式我们在影视画面中也能经常看到。

　　采用跟随移动目标的拍摄手法时，有一点需要我们格外注意，就是在跟拍的时候，要与目标对象保持一定的距离，防止因操作不当引起坠机，造成财产和人身损害。

1. 飞行演示

　　图 6-26 所示为无人机在水面上对红色游船进行移动跟拍的画面效果。

图6-26　无人机在水面上对红色游船进行移动跟拍

图6-26（续）

2. 实拍演练

当无人机在江面上空飞行至一定的高度后，可以向左推动左侧摇杆，旋转相机云台，让无人机跟随拍摄向左侧移动的轮船，让画面具有流动感，实拍演练如图6-27所示。

图6-27 实拍演练

第7章

智能飞行：
8种模式让你飞成航拍高手

学 | 习 | 提 | 示

　　在上一章中，我们学习了11种手动飞行无人机的航拍方式，而本章将向大家介绍8种智能飞行模式，帮助初学者快速掌握无人机的飞行技巧，使读者快速变成航拍高手。8种模式主要包括自动起飞降落模式、自动返航模式、一键短片模式、智能跟随模式、兴趣点环绕模式、指点飞行模式、影像模式以及延时摄影模式等，希望大家可以熟练掌握本章内容要点。

062
自动起飞降落模式

自动起飞
降落模式

使用自动起飞与自动降落功能模式，可以帮助新手快速掌控无人机的飞行与降落操作。下面介绍使用自动起飞与自动降落模式的操作方法。

步骤 01 将飞行器放在水平地面上，依次开启遥控器与飞行器的电源，当遥控器左上角状态栏显示"起飞准备完毕（GPS）"字样的信息时，点击左侧的自动起飞按钮，如图 7-1 所示。

图7-1 点击自动起飞按钮

步骤 02 执行操作后，弹出提示信息框，提示用户是否确认自动起飞，如图 7-2 所示。根据提示向右滑动按钮，确认起飞。

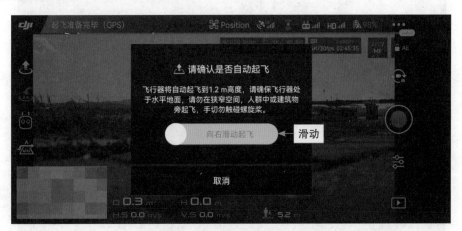

图7-2 根据提示向右滑动按钮

步骤 03 此时，无人机即可自动起飞，当无人机上升到 1.2m 的高度后，将自动停止上升，需要用户向上拨动左摇杆，让无人机向上升，当状态栏显示"飞行中（GPS）"的提示信息时，表示飞行状态安全，当用户需要降落无人机时，可以点击左侧的自动降落按钮，如图 7-3 所示。

图7-3　点击自动降落按钮

步骤 04　执行操作后，会弹出提示信息框，提示用户是否确认自动降落操作，点击"确认"按钮，如图7-4所示。

图7-4　点击"确认"按钮

步骤 05　此时，无人机将自动降落，如图7-5所示。用户要保证无人机降落的区域内没有任何遮挡物，当无人机下降到水平地面上时，即可完成自动降落操作。

图7-5　无人机将自动降落

063 自动返航模式

自动返航
模式

当无人机飞行得离我们比较远的时候，我们可以使用自动返航模式让无人机自动返航，这样操作的好处是比较方便，不用重复地拨动左右遥杆；而缺点是用户需要先更新返航地点，然后才能使用自动返航功能，以免无人机飞到其他地方去。

下面介绍使用自动返航模式的操作方法。

步骤 01 当无人机悬停在空中后，点击左侧的自动返航按钮，如图 7-6 所示。

图7-6 点击自动返航按钮

步骤 02 执行操作后，弹出提示信息框，提示用户是否确认返航操作，根据界面提示向右滑动按钮，确认返航，如图 7-7 所示。

图7-7 向右滑动返航按钮

步骤 03 执行操作后，界面左上角显示相应的提示信息，提示用户无人机正在自动返航，如图 7-8 所示。稍等片刻，即可完成无人机的自动返航操作。

图7-8　显示相应的提示信息

> **专家提醒**
>
> 当无人机飞行到起飞点上空位置，在下降的时候，界面左上角会有相应的提示信息，如图7-9所示，用户需要时刻注意周围的环境。
>
>
>
> 图7-9　界面左上角会有相应的提示信息

064
一键短片模式

一键短片
模式

一键短片模式包括多种不同的拍摄方式，依次为渐远、环绕、螺旋、冲天、彗星以及小行星等。无人机可以根据用户所选择的方式持续拍摄特定时长的视频，然后自动生成一个短视频。下面介绍使用一键短片模式的操作方法。

步骤 01 在 DJI GO 4 App 飞行界面中，点击左侧的智能飞行按钮 ；在弹出的界面中选择"一键短片"模式，如图7-10所示。

图7-10 选择"一键短片"模式

步骤 02 进入"一键短片"模式，选择"小行星"一键短片模式；在屏幕中通过框选的方式，设定小岛为目标对象；点击绿框右侧的"GO"按钮，如图7-11所示。

图7-11 点击"GO"按钮

步骤 03 无人机开始拍摄，右侧显示了拍摄进度，如图7-12所示。

图7-12 显示了拍摄进度

步骤 04 拍摄完成后，可以在相册中查看拍摄好的视频效果，如图 7-13 所示。用户可以在清晨或者夕阳时刻拍摄，天空的色彩会更加漂亮。

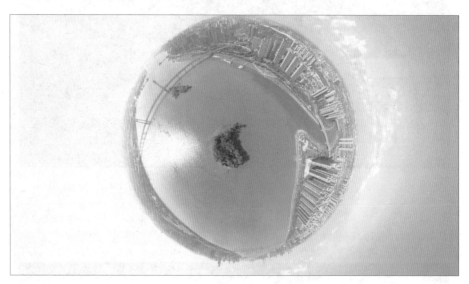

图7-13　查看拍摄好的视频效果

065 智能跟随模式

智能跟随模式是基于图像的跟随，可以对人、车、船等移动对象进行识别。需要注意的是，当用户使用智能跟随模式时，无人机要与跟随对象保持一定的安全距离，以免造成人身伤害。下面介绍使用智能跟随模式的方法。

步骤 01 在 DJI GO 4 App 飞行界面中，点击左侧的智能飞行按钮 ；在弹出的界面中选择"智能跟随"模式，如图 7-14 所示。

图7-14　选择"智能跟随"模式

步骤 02 进入智能跟随模式，选择"平行"智能跟随模式，如图 7-15 所示，弹出提示信息框，点击"好的"按钮，在屏幕中可以通过点击或框选的方式，设定无人机要跟随的目标对象。

图7-15 选择"平行"智能跟随模式

> **专家提醒**
>
> 无人机在飞行的过程中，会根据视觉系统提供的数据判断前方是否有障碍物，检测到障碍物时，无人机会尝试绕开障碍物飞行。

步骤 03 框选需要跟随的白色轮船；点击绿框内的"GO"按钮，如图 7-16 所示，让无人机跟随行驶的白色轮船向左侧飞行拍摄，并持续保证白色的轮船始终处于画面中间左右的位置。

图7-16 点击"GO"按钮

步骤 04 无人机跟随拍摄的过程中，在轮船远去的时候，也会自动调整俯仰角度进行跟随拍摄，如图 7-17 所示，点击✕按钮即可结束智能跟随模式。

图7-17　自动调整俯仰角度进行跟随拍摄

066　兴趣点环绕模式

兴趣点环绕
模式

兴趣点环绕模式在飞行圈中，俗称"刷锅"，是指无人机围绕用户设定的兴趣点进行360°环绕拍摄。下面介绍使用兴趣点环绕模式的操作方法。

步骤 01 把无人机飞行到一定的高度，将镜头方向对准目标物的侧面，并测算好环绕半径，保证无人机在360°环绕的时候，周围的建筑、高塔等环境元素不会挡住无人机，在飞行界面中点击智能飞行按钮 ，如图7-18所示。

图7-18　点击智能飞行按钮

步骤 02 在弹出的界面中选择"兴趣点环绕"模式，如图7-19所示。

步骤 03 设置顺时针环绕方式 ，用手指在屏幕上框选目标物；点击"Go"按钮，如图7-20所示，无人机测算完目标位置之后，就会开始环绕拍摄。

步骤 04 无人机将固定半径进行旋转运动，环绕至目标物背面的位置，如图7-21所示。

图7-19 选择"兴趣点环绕"模式

图7-20 点击"Go"按钮

图7-21 无人机环绕至目标物背面的位置

步骤 05 无人机会自动围绕目标物进行360°圆周运动，如图7-22所示，点击 ⊗ 按钮可以结束兴趣点环绕拍摄模式。

> ⚫⚫⚫ **专家提醒**
>
> 在使用兴趣点环绕模式时，框选的兴趣点对象要立体和具体，否则无人机无法识别。

图7-22　无人机环绕目标物360°拍摄

067 指点飞行模式

指点飞行包含三种飞行模式：一种是正向指点；一种是反向指点；还有一种是自由朝向指点，用户可以根据需要进行选择。下面介绍使用指点飞行模式的操作方法。

指点飞行模式

步骤 01 在 DJI GO 4 App 飞行界面中，点击左侧的智能飞行按钮 ；在弹出的界面中选择"指点飞行"模式，如图 7-23 所示。

图7-23　选择"指点飞行"模式

步骤 02 选择"反向指点"模式，弹出提示信息框，点击"好的"按钮，即可进入指点飞行模式；点击屏幕中的一个区域，选中目标点，并点击"GO"按钮，如图 7-24 所示，即可让无人机飞行远离目标中心。

步骤 03 无人机将会以匀速的速度朝着目标区域反向下降飞行，全程实现自动飞行拍摄，如图 7-25 所示。

图7-24 点击"GO"按钮

图7-25 无人机反向下降飞行

068
影像模式

影像模式

使用影像模式时，无人机将以缓慢的方式飞行，延长了无人机的刹车距离，也限制了无人机的飞行速度，使用户拍摄出来的画面稳定、流畅、不抖动。下面介绍使用影像模式进行拍摄的方法。

步骤 01 在 DJI GO 4 App 飞行界面中，点击左侧的智能飞行按钮🔘，如图 7-26 所示。

步骤 02 在弹出的界面中选择"影像模式"，如图 7-27 所示。

步骤 03 弹出提示信息框，提示用户关于影像模式的飞行简介，如图 7-28 所示，点击"确认"按钮，即可进入影像模式。无人机将缓慢地飞行，用户可以通过左右摇杆来控制无人机的飞行方向。

图7-26 点击智能飞行按钮

图7-27 选择"影像模式"

💬 专家提醒

在使用影像模式拍摄时，由于无人机的飞行速度会变得很慢，因此刹车的距离也会变长。建议用户最好在空旷的环境中使用该模式，防止在出现禁止刹车的情况下，无人机撞到障碍物。

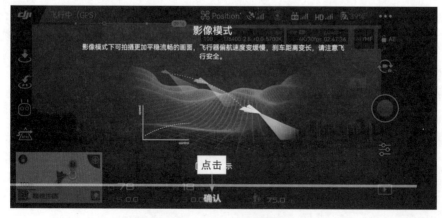

图7-28 点击"确认"按钮

步骤 04 用户可以点击右侧拍摄按钮 ⬤ 进行视频拍摄，如图 7-29 所示。如果用户要退出影像模式，可以点击左侧的 ✕ 按钮，会弹出提示信息框，提示用户是否退出该模式，点击"确定"按钮，即可退出影像模式。

图7-29 点击拍摄按钮

069 延时摄影模式

延时摄影
模式

延时摄影包含四种飞行模式，如自由延时、环绕延时、定向延时以及轨迹延时等，选择相应的拍摄模式后，无人机将在设定的时间内自动拍摄一定数量的照片，并生成延时视频。下面介绍使用延时摄影模式的操作方法。

步骤 01 在 DJI GO 4 App 飞行界面中，点击左侧的智能飞行按钮 📷，在弹出的界面中选择"延时摄影"模式，如图 7-30 所示。

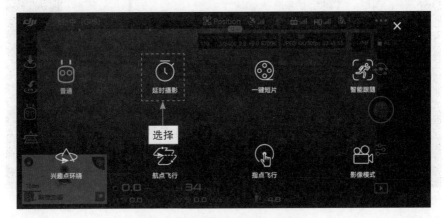

图7-30 选择"延时摄影"模式

步骤 02 在弹出的"延时摄影"面板中选择"定向延时"选项，如图 7-31 所示。界面中弹出增加飞行高度的提示，用户也可以提前设置好无人机的高度，再进入延时摄影模式。

图7-31 选择"定向延时"选项

💬 **专家提醒**

延时摄影中的各模式的含义如下。

① 自由延时：设置一个持续的飞行路线，无人机将沿飞行路线进行延时拍摄。

② 环绕延时：通过设置兴趣点，无人机将围绕兴趣点进行环绕延时拍摄。

③ 定向延时：把无人机对准目标方向，并锁定航线，无人机将按直线飞行，进行延时拍摄。

④ 轨迹延时：通过设置不多于5个的航线规划点，无人机将沿航线规划点进行延时拍摄。

步骤 03 弹出提示信息框，点击"好的"按钮，如图7-32所示。

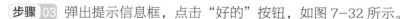

图7-32 点击"好的"按钮

步骤 04 默认的延时设置是拍摄间隔为2s，视频时长为5s，无人机的飞行速度是0.5m/s，需要拍摄125张照片。点击"速度"数值，如图7-33所示。

步骤 05 设置"速度"参数为2m/s；点击 ✓ 按钮确认修改，如图7-34所示。用户也可以把无人机飞行的速度设置慢一点。

图7-33 点击"速度"数值

图7-34 点击相应的按钮

步骤 06 改变飞行速度之后，拍摄张数由125张变成了200张，点击"视频时长"数值，设置"视频时长"参数为8s，点击 ✓ 按钮确认修改；点击"锁定航向"按钮，锁定航向；点击"GO"按钮，如图7-35所示，无人机开始前进飞行，并拍摄多张延时序列照片，在界面中会显示拍摄的进度。

图7-35 点击"GO"按钮

步骤 07 点击 ╳ 按钮退出拍摄，界面下方会提示用户正在合成视频，合成视频的前提是已经拍摄到了足够的照片，如图7-36所示，待视频合成完成后，即可在相册中查看拍摄好的延时视频。

图7-36　提示用户正在合成视频

第8章

航拍有术：
10种构图让你张张出来是大片

学 | 习 | 提 | 示 ————————————————

　　一张好的航拍照片离不开构图。在对焦、曝光操作都正确的情况下，好的构图往往会让一张照片脱颖而出，使用户的航拍作品吸引观众眼球，与之产生共鸣。足以见得，在无人机的航拍摄影中，构图对整个画面的重要性。因此，本章将带领大家一起学习航拍的构图技法，通过学习不同的构图技巧，让用户的摄影作品更加出色。

070 主体构图

主体就是照片画面中的主要对象，是反映内容与主题的主要载体，也是画面构图的重心或中心。主体是主题的延伸，陪体是与主体相伴而行的，背景是位于主体之后交代环境的，三者是相互呼应和关联的。在摄影构图中，主体需要与陪体有机联系在一起；背景也不是孤立的，而是与主体相得益彰的。下面介绍几种有关主体构图的航拍技巧。

1. 直接突出主体的航拍手法

图 8-1 所示的航拍照片是在薄荷岛上空用无人机拍摄的。当时，无人机飞得比较高，将整个岛屿的形状都拍摄完整了，薄荷岛就是画面的主体。

主体

图8-1 直接突出主体的航拍手法

图 8-1 采用了主体构图的技法，以直接突出主体——薄荷岛的方式进行拍摄，岛屿处于画面的最中心位置，作为一个主体，让观众都能一眼辨认出作者想表现出来的主体是什么。

直接明了地拍摄主体，这种航拍手法非常简单，适合航拍初学者学习。这种构图方法直截了当，画面中没有其他元素的干扰，直接突出了主体。

> 💬 **专家提醒**
>
> 航拍初学者可能会用镜头能拍下很多的内容，而有经验的航拍摄影师却恰好相反，希望镜头拍摄的对象越少越好，因为对象越少，主体才会越突出。不太会构图的朋友，可以从清华大学出版社出版的《摄影构图从入门到精通》这本书中进行学习，作者是构图君，其中讲解了250多种构图技巧，凝聚了作者20多年来的构图心得，含金量极高。

2. 间接突出主体的航拍手法

间接表现出主体，是指透过环境来渲染和衬托主体，主体不一定要占据画面很大的面积，只需占据画面中关键的位置即可，也会突出出来。

图 8-2 所示照片中的主体并不像上一张照片那么大，而是占据的面积比较小，主要是用周围环境来突出主体。

主体

图8-2 间接突出主体的航拍手法

云雾与延绵起伏的山峰，在照片中起到了烘托主体的作用，让主体更加有美感，也更好地渲染了拍摄的气氛。云雾与山峰相互映衬，起到了锦上添花的效果。

💬 专家提醒

摄影也是一种表达。有时，我们可能会直接表扬某个人的优点，直接对其进行赞赏；而有时，我们可能用某人周围人对他的评价，进行侧面表达，间接地赞赏他。

3. 通过陪衬让主体更加有美感

陪体，就是在画面中对主体起到烘托作用的对象，如电影中的配角，所谓"红花配绿叶"也是这个道理。陪体对画面整体的作用非常大，不仅可以丰富画面，还可以衬托主体。

图 8-3 所示为在长白山天池风景区航拍的照片。这张照片的主体是耸入云霄的雪山，一片冰湖则作为陪衬。雪山的倒影嵌入冰湖中，使雪山更加突出，更加富有立体感。

主体

图8-3 通过陪衬让主体更加有美感

大家可以试想一下，如果只有雪山，没有冰湖作为陪衬，那么画面又会是什么效果呢？光秃秃的雪山是不会这样有美感和吸引力的，冰湖倒影可以更好地衬托雪山。

📷 071
前景构图

前景构图是指在拍摄主体前方利用一些陪衬对象来衬托主体，使画面具有空间感和透视感，还可以增加更多的想象空间。

图 8-4 所示为在新疆白哈巴村航拍的风光照片。白哈巴村（白哈巴景区）被称为西北第一村和西北第一哨，是被誉为中国最美的八个小镇之一，在这里一年四季都可以看到一幅完美的"油画"。

以树林为前景，拍摄远处的雪山，画面具有层次感，整个画面就像一幅画一般。树林中丰富的颜色也可以衬托出雪山美景。

> **💬 专家提醒**
>
> 适当的前景，可以起到点缀画面的作用，特别是当画面颜色比较单调的时候，如果前景的颜色稍微亮丽一点，就可以衬托出主体，让整体的画面具有层次感。

图8-4　以树林作为前景拍摄雪山

用户在公园中航拍水上风景、凉亭的时候，也可以用树枝作为前景，衬托你想要拍摄的主体。这种拍摄手法也是我们经常能看到的，可以很好地衬托画面，使画面具有立体感。

当我们选择前景的时候，需要注意画面的协调性，让每个元素都相得益彰，这样才能突出主体，产生美感。

图 8-5 所示为在浙江横店影视城某一个公园内航拍的照片，是用飞行穿越的手法拍摄的。无人机先俯拍穿过树枝往前飞，然后再抬高相机镜头角度，拍摄凉亭后面一个更大的特色庭院建筑，能产生出一种"柳暗花明又一村"的感觉。

> **💬 专家提醒**
>
> 用户在水上进行航拍时，有以下两点需要注意。
>
> ① 随时关注无人机的飞行状态和 GPS 信号，保证无人机在可视范围内飞行。
>
> ② 以树枝作为前景时，要与树枝保持一定的距离，千万不能撞到树枝上。

以树枝作为前景

图8-5 以树枝作为前景拍摄公园美景

072 曲线构图

曲线构图是指摄影师抓住拍摄对象的特殊形态特点，在拍摄时采用特殊的拍摄角度和手法，将物体以类似曲线般的造型呈现画面中。曲线构图常用于拍摄风光、道路以及江河湖泊的题材中。在航拍构图手法中，C形曲线和S形曲线是运用比较多的构图手法。

1. C形曲线的航拍手法

C形构图是一种曲线型构图手法，拍摄对象类似C形，体现一种女性的柔美感、流畅感、流动感，常用于航拍弯曲的马路、岛屿以及沿海风光等大片。

图8-6所示为在巴里卡萨岛上空航拍的照片。岛屿周围的海水特别清澈，在俯视航拍时，岛屿的外围呈C形，结构非常柔美，整幅景色画面非常具有吸引力。

图8-6 在巴里卡萨岛上空航拍的C形构图照片

2. S形曲线的航拍手法

S形构图是C形构图的强化版，用于表现富有曲线美的景物，如河流、小溪、山路、小径、深夜马路上蜿蜒的路灯或车队等，有一种悠远感或物体的蔓延感。

　　S形构图是一种经典的构图方式，画面上的景物呈现S形曲线的方式分布，具有延长、变化的特点，使画面看上去非常有韵律感。

　　图8-7所示为在衢山海岸航拍的照片。俯瞰下的公路呈S形曲线状，形态优美。航拍中的俯视视角具有一种欣赏大地的感觉，这迷人的景色，让人情不自禁地陶醉在其中。

图8-7　在衢山海岸航拍的S形曲线公路

　　曲线构图的关键在于对拍摄对象形态的选取。自然图界中的拍摄对象拥有无数种不同的曲线造型，它们的弧度、范围和走向各异，但它们具有画面优美、舒服和视觉延伸感的共同特点。尤其是蜿蜒的曲线，能在不知不觉中引导观众的视线。

　　下面这张航拍的照片，也是曲线构图，蜿蜒的公路，犹如一条巨龙，如图8-8所示。

图8-8　曲线构图的蜿蜒公路

　　图8-9所示的这张照片是在湖泊上空俯拍的，也运用了曲线构图手法。

💬 专家提醒

　　如果用户想深入学习航拍构图和如何拍出精彩的风光照片的技法，这里为大家介绍一个很有含金量的公众号——手机摄影构图大全，其中免费赠送1000多种构图技法，等你来取。

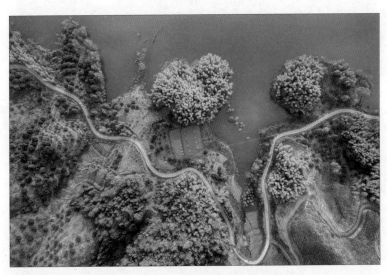

图8-9　湖泊上空俯拍的曲线构图照片

073
斜线构图

斜线构图是在静止的横线上出现的，具有一种静谧的感觉，同时斜线的延伸性可以加强画面深远的透视效果。斜线构图的不稳定性使画面富有新意，给人以独特的视觉效果。利用斜线构图，可以使画面产生三维的空间效果，增强画面立体感，使画面充满动感与活力，且富有韵律感和节奏感。斜线构图是非常基本的构图方式，在拍摄轨道、山脉、植物、沿海等风景时，就可以采用斜线构图的技巧手法。

图8-10所示为在下浒海滩日落西山时航拍的照片，采用了斜线式的构图手法，以倾斜的海面和沙滩的边缘分界线作为构图线，展现出方向感和运动感。

图8-10　采用斜线构图航拍的照片

在航拍摄影中，斜线构图是一种使用频率颇高，而且也颇为实用的构图方法，能吸引观众的目光，具有很强的视线导向性。

图8-11所示是在六鳌半岛航拍的照片，斜线式构图使画面极具动感。

图8-11 在六鳌半岛上采用斜线构图航拍的照片

在进行斜线构图时，可以让无人机相机镜头垂直90°进行拍摄。图8-12所示为在矿石码头航拍的照片，斜线结构在画面中重复出现，让照片既有乐趣又有韵味。

图8-12 在矿石码头上采用斜线构图航拍的照片

074 水平线构图

水平线构图给人辽阔、平静的感觉。水平线构图法主要以水平线为主，这种构图方法需要用户在前期多看、多琢磨，寻找一个好的拍摄地点进行拍摄，对摄影师的画面感有着比较高的要求，往往需要比较多的经验才可以拍出一张理想的照片，这种构图法也更加适合航拍风光大片。

图8-13所示为在菲律宾薄荷岛航拍的照片，以岛屿和海面分界线为水平线，将主体放在了水平线上半部分，岛屿和天空共同占据了画面的上半部分，海面占了画面的下半部分。

图8-13 在薄荷岛上航拍的水平线构图照片

水平线构图可以很好地表现出物体的对称性，具有稳定感、对称感。一般情况下，摄影师在拍摄海景时，最常采用的构图手法就是水平线构图。

图 8-14 所示为在浙江仙居航拍的风景，水平线的构图方式让画面实现了水天一色。

图8-14 在浙江仙居以水平线构图方式航拍的风景照片

图 8-15 所示为在平潭海边航拍的照片，水景与地景一分为二，具有空旷感和层次感。

图8-15 在平潭海边采用水平线构图拍摄的照片

075 三分线构图

三分线构图，顾名思义就是将画面从横向或纵向分为三部分，这是一种非常经典的构图方法，是大师级摄影师偏爱的一种构图方式。将画面一分为三，非常符合人的视觉审美，用这种构图方式拍摄的照片会显得非常美。常用的三分线构图法有两种：一种是横向三分线构图，另一种是纵向三分线构图。下面进行简单的介绍。

1. 横向三分线构图的航拍手法

图 8-16 所示为在长白山森林航拍的一张照片，如果将三分线细分一下，这就是一张上三分线构图的画面。天空和太阳占了画面的三分之一，而长白山森林占据了画面的三分之二，这样不仅突出了天空的绚丽色彩，而且还体现出了森林的辽阔感，画面非常宏伟、壮观。

图8-16　在长白山森林航拍的三分线构图照片

另外，这张照片还采用了逆光构图的手法，拍出了耶稣光的效果。

图 8-17 所示为在新疆五彩滩航拍的照片，天空占据了画面三分之一，整体非常具有层次感。

图 8-18 所示为在浙江仙居廿四尖航拍的照片，三分线构图让画面具有极佳的观赏感。

图8-17　在新疆五彩滩采用三分线构图　　　图8-18　在浙江仙居廿四尖采用三分线构图
航拍的照片　　　　　　　　　　　航拍的照片

2. 纵向三分线构图的航拍手法

纵向三分线构图的航拍手法是指将主体或辅体放在画面中左侧或右侧三分之一处的位置，从而突出主体。与阅读一样，人们看照片时也是习惯从左向右，视线经过运动最后会落在画面的右侧，所以将主体置于画面的右侧，可以让整体具有美感。

图8-19所示为在巴里卡萨岛航拍的照片，以垂直90°俯拍的视觉拍摄而成，让人顿时陶醉其中。

图8-19　在巴里卡萨岛采用纵向三分线航拍的照片

这张照片是采用了纵向三分线的构图航拍手法。将主体置于画面的右侧，蔚蓝的海水占了画面的三分之一，海滩占据了画面的三分之二，整个画面的色感很舒服。荡漾的海浪增强了动感，一切都恰到好处。

在航拍的过程中，用户还可以采用纵向双三分线的拍摄手法，让两条垂直线将画面平均分成三等份，同时让每一个部分看起来具有均衡感。下面我们来讲解一个实例。

图8-20所示为在杭州西湖风景区上空航拍的游船照片，也是以垂直90°俯拍的效果呈现，采用了纵向双三分线的构图手法，将画面中的游船平均分成三等份，使画面看起来整齐、有秩序。

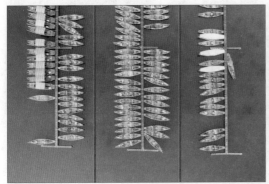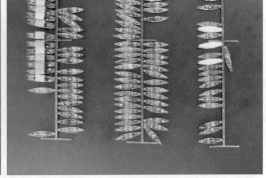

图8-20　在杭州西湖采用纵向双三分线构图方式航拍的游船照片

画面中的游船颜色也比较统一，很好地点缀了整个西湖的风景，像一幅动感的油画一般，实现了动静结合。

　　大家可以回忆一些照片，尤其是在湖边、江边、海岸拍摄的照片，可以发现，在湖面拍摄朝霞和晚霞时，一般水平线构图会用得极多。但是，为了打破常规，建议大家多使用三分线构图手法，因为水平线讲究平衡对称，画面比较中规中矩，而三分线不仅有平衡感，还更容易突出拍摄主体，精简背景。总而言之，三分线构图更容易紧扣主题，突出主体，简化背景，让照片内容看起来更加详略得当。

076
九宫格构图

　　九宫格构图又叫井字形构图，是黄金分割构图的简化版，也是最常见的构图手法之一。九宫格构图是指将画面用横竖三条直线分为九个空间，等分完成后，画面会形成九宫格线条，线条相会形成四个交叉点，我们将这些交叉点称为趣味中心点，可以利用这些趣味中心点来安排主体，使其醒目且不呆板，增强画面中的主体视觉效果。

　　很多摄友对于构图的最早认识都是九宫格构图、黄金比例构图等，下面我们通过分析相关的航拍照片来学习如何进行九宫格构图。

　　图 8-21 所示为在巴里卡萨岛航拍的照片。船只处于画面中九宫格左上方的交点位置。这也是一种常见的九宫格构图方式。

　　这种构图比较符合人们的视觉习惯，在航空拍摄中，如果所拍摄的主体对象较小，周围背景也较为单一，大家就可以多多尝试这种九宫格构图技法。在拍摄时，还可以将对象放在左下、右上、右下的位置。

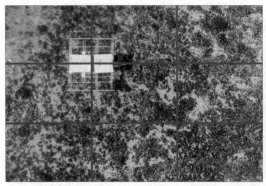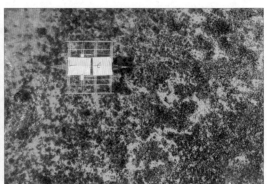

图8-21　在巴里卡萨岛采用九宫格构图航拍的照片

077
多点构图

　　点是所有画面的基础。在摄影中，它可以是画面中真实的一个点，也可以是一个面，画面中很小的对象都可以称为点。在照片中，点所在的位置会直接影响到画面的视觉效果，并给观赏者带来不同的心理感受。如果我们的无人机飞得很高，俯拍地面景色时，就会出现很多的点对象，这种方式就可以称为多点构图。

我们在拍摄多个主体时，就可以用到这种构图方式，以这种构图方式航拍的照片可以体现出多个主体，并且能完整记录所有的主体。

图 8-22 所示为在薄荷岛航拍的照片。无人机飞得比较高，岛上的房屋在画面中都变成了一个一个小点，五颜六色，丰富多彩，甚是壮观。

图 8-22 中不仅有多个主体置于画面中，而且图片还结合了右三分线的构图技法，海面占了画面的三分之一，岛上房屋占了画面三分之二，让画面和谐又富有美感。

图8-22 在薄荷岛采用多点构图方式航拍的照片

图 8-23 所示为在浙江台州长潭水库航拍的照片，一棵棵树变成了一个个小点。

图8-23 在浙江台州长潭水库航拍的照片

图 8-24 所示为在泉州惠安惠女湾航拍的照片，一栋栋建筑变成了一个个小点。

图8-24　在泉州惠安惠女湾航拍的照片

078 逆光构图

光影构图是比较具有技术性、更高级一些的构图技法。逆光是指被摄主体刚好处于光源和相机之间的情况，太阳处于相机的正前方，这种情况容易使被摄主体出现曝光不足的情况，不过逆光可以出现眩光的特殊效果。逆光是一种极佳的艺术摄影技法。

在进行拍摄时，逆光构图不仅可以增强被摄体的质感，还可以增加氛围感，其次还有很强的视觉冲击力，并且可以增强画面的纵深感。

图 8-25 所示为在内蒙古阿尔山天池航拍的照片。当时的航拍时间选得刚刚好，正值夕阳西下，太阳在无人机镜头的正前方，拍出了特殊的眩光效果。整个阿尔山在逆光下显得特别有质感，强烈地勾勒出了天池的轮廓。

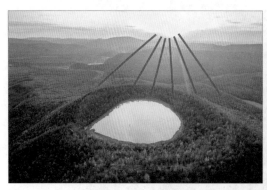

图8-25　在内蒙古阿尔山天池航拍的照片

在使用无人机逆光拍摄时，首先对准天空亮部进行测光，然后再锁定曝光并进行拍摄。

日出日落，云卷云舒，这些都是非常浪漫、感人的画面，也是无人机航拍的黄金时段。在航拍的过程中，太阳越接近地平线，色温就会越来越黄，当太阳快要落山时，天空和地景会被染成一片橙色，色调非常漂亮。

图8-26所示为在日落时使用无人机航拍的照片，云层在太阳的照射下，被染成了橙色，而且在逆光下拍摄的云层形态会更加有质感。

图8-26 在逆光下拍摄的云层

079 横幅全景构图

全景构图是一种广角图片，"全景图"这个词最早是由爱尔兰画家罗伯特·巴克提出来的。全景构图的优点：一是画面内容丰富，大而全；二是视觉冲击力很强，极具观赏性价值。

现在的全景照片，一是采用无人机本身自带的全景摄影功能直接拍成；二是运用无人机进行多张单拍，拍完后通过软件进行后期接片。在无人机的拍照模式中，有球形、180°、广角和竖拍四种全景模式，如图8-27所示，相关内容在第4章的第037例进行了详细说明。如果要拍摄横幅全景照片，这里要选择180°的全景模式。

图8-27 无人机中的四种全景模式

图8-28所示的绵延起伏山脉，是运用横幅全景构图拍摄的照片。这是笔者在自驾游西藏时遇到的美景，也是用无人机全景模式拍摄的全景照片。

图8-28　在西藏时拍摄的全景照片

拍摄高楼大厦的城市美景，怎么能少得了全景构图呢？图8-29所示为湖南长沙的橘子洲景区全景照片。整幅画面呈曲线构图形态，沿岸的城市风光一览无遗，画面整体具有强烈的冲击感。所以，全景构图可以使画面显得非常漂亮和大气。

图8-29　橘子洲景区全景照片

古镇的风景也是非常美的，同时还具有古典气息。用全景模式拍摄的古镇照片，像一幅水墨画一般，极具震撼力，如图8-30所示，这是在湖南湘西凤凰古镇航拍的风光照片，两侧的建筑古色古香，中间的跨桥是点睛之笔。

图8-30　运用横幅全景构图拍摄的古镇

> 💬 **专家提醒**
>
> 　　如果用户使用无人机拍摄多张照片，然后后期合成全景接片，那么在拍摄全景照片的时候，要快并且稳，每张照片最好不要超过1min，否则全景照片上的东西会有变化，如桥上的车、河中的船等，应尽量使整个画面简洁而有序。还有，取景时保持照片之间有30%左右的重叠，以此来确保全景照片合成的成功率。
>
> 　　对全景摄影感兴趣的朋友，可以看看清华大学出版社出版的《大片这么拍！全景摄影高手新玩法》这本书，这是一本全景摄影深度实战笔记，上百种实用全景摄影核心技巧，帮助你征服各种全景拍摄的难点和痛点，从菜鸟升级为全景摄影高手！

航拍照片篇

第9章

大气恢宏：
10类照片引爆你的朋友圈

学 | 习 | 提 | 示

　　通过前面章节的学习，我们已经掌握了无人机的参数设置、无人机的操控方法、无人机的飞行动作以及多种航拍构图技法等内容。接下来在本章中，我们将学习实景航拍，掌握 10 种常见类型航拍照片的方法，如风景片、湖泊片、古镇片、海岛片、夜景片、日落片以及高原雪山片等，希望大家可以熟练掌握。

080 航拍风景照片

风景照片是我们航拍过程中最多的一类照片，一切美好的事物都值得我们记录和拍摄下来，永存那瞬间的震撼和美丽。随着高画质无人机的普及，以及不亚于专业相机的拍摄功能，越来越多的人开始接触无人机航拍摄影，并且逐渐领略航拍的魅力。

一幅好的风景照片需要有一个鲜明的主题，或是表现一个人，或是表现一件事物，甚至可以表现该题材的一个故事情节，并且主题必须明确，毫不含糊，使任何观众一眼就能看得出来。图9-1所示为在杨丰山拍摄的梯田云雾效果，无人机从天空的视角俯拍杨丰山，让人仿佛觉得进入了一片世外桃源，远处的山脉延绵起伏，云雾缭绕，若隐若现，风景甚是美丽。

图9-1 在杨丰山拍摄的梯田云雾效果

上面这幅梯田云雾照片中，整体的因素综合起来表现了一个普遍性的主题，即静谧。这不只是一个山村，通过画面，我们可以感受到一种安静的力量。俯拍的画面给人以宽阔的视野，云雾缭绕在梯田与山脉之间，很好地衬托出了整个画面的景色。

想使风景照片更令人印象深刻、过目不忘，或是更能打动观众，拍摄者必须设法将观众的注意力引向画面中的被摄主体。一幅好的风景照片，还必须要做到画面简洁，突出那些需要把观众视线引向被摄主体的内容，而排除或减少那些可能会分散注意力的内容。

简单来说就是：画面主题需要醒目而确切，无分散视觉的杂色、色溢、杂物以及杂光等，重点在于突出主体。图9-2所示是在仙华山拍摄的山峰照片，主体是傲立的山峰，位于画面偏上的位置，照片以绿色为主，没有大面积的其他杂色，主题非常醒目。

冬日雪景也是航拍摄影师最喜欢航拍的一类风景照片。在拍摄雪景的时候可以利用俯视构图，来体现场面的宏大，营造出大地一片洁白的迷人景象。图9-3所示为在杭州西湖航拍的雪景风光。

图9-2　在仙华山航拍的山峰照片

图9-3　在杭州西湖航拍的雪景风光

081 航拍湖泊照片

　　湖泊是一种地表相对封闭可蓄水的天然洼地，在使用无人机航拍湖泊的时候，可以拍出湖泊的曲线美感，湖泊的形态一般都是弯弯曲曲的，如果是高原上的湖泊，湖水通常清澈见底，非常干净，能给人一种纯净的感觉。

　　航拍湖泊风光照片时，主要有两种拍摄视角：一种是俯拍，无人机在空中飞行，相机镜头朝下俯视；另一种是低视角的平拍，无人机在湖面飞行，拍摄波光粼粼的水面。

　　图9-4所示是在新疆喀纳斯国家地质公园内航拍的湖泊。无人机在圣湖上飞行，以45°斜角俯视着喀呐斯湖，湖水在天空的映衬下，显得特别清澈。两侧的雪山则很好

地衬托出了中间延绵的湖水，颜色对比鲜明。高原雪山上的雪还没有完全融化，顶部呈现出一片白色，给人以圣洁的感觉，阳光穿过云层照射在湖面上，使湖水闪闪发光。

图9-4　在新疆喀纳斯国家地质公园内航拍的湖泊

航拍湖泊的时候，我们也可以适当地借助自然光线来拍摄，突出画面的冷调效果，使画面呈现出静谧的效果。

图9-5所示是在浙江浦江通济湖航拍的照片，无人机的相机镜头朝向太阳，太阳位于相机镜头的正前方，拍摄时采用了逆光构图，使远处的山脉呈现出剪影效果，突显出了山脉的轮廓，而在太阳的照射下，相机拍出了耶稣光的效果，如同仙境一般，使得画面的感染力非常强。

图9-5　在浙江浦江通济湖航拍的照片

上面的两张航拍湖泊照片，都是从天空视角俯拍的，而图9-6所示的这张照片则是低视角航拍的。这是在河北坝上御道口航拍的照片，无人机沿着湖面飞行拍摄，湖水在天空的反射下显得特别蓝。如图9-6所示，波光粼粼的湖面，让整幅风光画面如诗如画。

图9-6　在河北坝上御道口航拍的湖泊照片

082
航拍古建筑照片

在旅途或者生活中，有些具有特色的古建筑物是很值得拍摄的。有些古建筑物具有历史年代感、有些古建筑的形状比较特别，只要拍摄者善于欣赏和表达，就可以使用无人机拍出一些不错的古建筑摄影作品。在构图时，拍摄者可以细心观察古建筑物的外观，从中找到一些有特色的线条、纹理等元素进行拍摄，构图尽量简洁，也可以获得意想不到的作品。

图9-7所示是在福建土楼航拍的古建筑照片。土楼产生于宋元时期，成熟于明末、清代和民国时期。

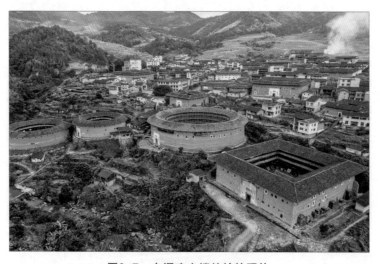

图9-7　在福建土楼航拍的照片

这座古建筑群别有特色，形态与一般的土楼不同，形态呈现出圆形、半圆形、方形、四角形、五角形、交椅形以及畚箕形等，各具特色。由于其建筑群规模宏大、设计科学、布局合理，此现在已成为全国重点文物保护单位。

上面这张照片是无人机在向前飞行时拍摄的，画面前方共有4个大建筑，包含3个圆形建筑和一个方形建筑。圆楼是当地土楼群中最具特色的建筑，所以也占据了整个画面的大部分位置，而这4个大建筑的后面，还有很多这种类型的建筑群，场面十分壮观。

> 💬 **专家提醒**
>
> 福建土楼属于集体性建筑，是福建客家人引以为豪的建筑物，一般都是数十户、几百人住在同一栋楼中，都是门挨着门，紧紧相连。
>
> 这反映了客家人聚族而居、和睦相处的家族传统。因此，一部土楼史，便是一部乡村家族史。想深入学习古建筑摄影的朋友，可以看看清华大学出版社出版的《大片这么拍！旅游摄影高手新玩法》这本书，在这本书的第5章中就详细介绍了古建筑的14种拍摄技法，帮助大家学会拍摄古建筑。

关于这种古建筑照片，是无人机用正前方平视的角度拍摄的，大家还可以试一试垂直90°向下拍摄，将无人机飞到土楼建筑的顶端，镜头朝下俯视拍摄，这样也可以拍出不同形态的土楼样式，如图9-8所示。不同的拍摄角度，可以收获不一样的美景。

图9-8 无人机镜头垂直90°朝下拍摄

在建筑物密集的城区，我们也可以将无人机的镜头垂直90°朝下拍摄。图9-9所示是在崇武古城上空航拍的照片，拍出了五彩缤纷的屋顶效果。

在航拍独栋的古建筑时，我们还可以采取侧面航拍的手法，从侧面拍摄往往可以将主体全部拍进画面中。在取景时，建议将古建筑主体放在画面的右侧位置，因为人们看照片时的习惯是从左向右看的，视线最终会落于画面右侧，所以将主体置于画面右侧位置的效果最佳。

图9-10所示是在杭州城隍阁航拍的一栋古建筑，建筑的整体色调古色古香。拍摄时刚好下了一场雪，雪也还没有完全融化，因此这样不怎么常见的雪景画面会更有氛围感，周围的环境也很好地衬托了主体，使主体建筑特别突出。

图9-9　在崇武古城上空航拍的照片

图9-10　在杭州城隍阁航拍的一栋古建筑

有一些古镇的照片也是非常有特色的，如湖南的湘西凤凰古镇，两侧的古建筑房屋建于沱江之上，具有人文历史感，这种画面就好像一幅山水画，如图 9-11 所示。

图9-11　在湖南湘西凤凰古镇航拍的照片

083
航拍城市风光照片

　　城市摄影的难度可能要比自然风光摄影大一些，因为城市中有很多的不确定性因素，如人流、车流等。因此，在拍摄城市风光时，可以将城市高楼作为主要的航拍元素，将其与周围的环境进行结合。那么，我们怎样将城市的高楼风景拍摄出感觉呢？下面和大家分享一下城市高楼的航拍方法。

　　图9-12所示是在台州市区高空航拍的，当时太阳刚好下山，华灯初上，规模化的城市建筑，与天空云霞和绿色山丘相互映衬。

图9-12　在台州市区高空航拍的照片

　　这也是一幅三分线构图的照片，天空占据了画面的三分之一，天空中的云彩非常具有层次和立体感，夕阳的余晖染红了天边的云彩，因此出现了红色的云层，点缀出了整个画面的色彩。下方城市中的高楼，沿着道路分布，排序整齐，几座小山挺立在城市中，为整个城市带来了绿色的生命力，有着欣欣向荣的感觉。

　　夜幕降临的城市，也会带给人一些安静感，当夕阳完全落下，天空的颜色渐渐暗淡下来，城市中的灯光也将越来越丰富多彩。待到夜幕降临的时候，可以继续将无人机飞上高空，并向前飞行一段距离，以天空的视角来俯拍城市的夜景，如图9-13所示。

　　图9-13的这张夜景照片是利用了道路灯光的斜线排布特征，将构图进行斜线调整。在航拍城市夜间马路时，可以通过调节无人机的快门速度，拍摄出一种梦幻般的城市夜景效果。画面中延伸的马路也产生了一种延续感，引导着观众的视线放在远处五彩的灯光上面，整体就具有了更多的想象空间。

　　在城市里，除了有高楼大厦外，各种道路也是极具线条美感的。当我们在拍摄城市道路时，可以把重点放在道路线条上面，利用道路线条的不同，结合个人的拍摄思路，选择合适的角度进行航拍。

　　图9-14所示是在台州市椒江市区高空航拍的道路风景，极具线条美感。

图9-13　以天空的视角俯拍城市的夜景

图9-14　在台州市椒江市区高空航拍的道路风景

084
航拍海岛风景照片

　　海岛是大多数人向往的旅游地，海岛的四周都是海，风景格外优美。在国外有很多海岛旅游景点，如巴厘岛、巴里卡萨岛、薄荷岛以及济州岛等，都很适合航拍。无论是拍出岛屿的全景或半景，都是非常美的。

　　图9-15所示是航拍整个巴里卡萨岛的全景照片。无人机飞得比较高，可以完全拍出巴里卡萨岛的整个圆形形状，而且岛屿的轮廓极具线条美感，四周的游船刚好点缀着整个画面，使整个场景有种海上仙境的感觉，景观相当壮丽。

图9-15　航拍整个巴里卡萨岛的全景照片

💬 **专家提醒**

如果大家想航拍美景，则可以选择一些海岛作为航拍点。关于海岛航拍，分享一些技巧给大家，希望大家能有所启发。

① 在光线好的时候拍摄，并善于发现景点中的亮点。

② 适当寻找一些前景，如船只、沙滩等，让画面具有层次感。

③ 在航拍海岛视频时，可以使用到一些运镜，让画面具有动感。

拍摄图 9-15 所示的这张照片时，无人机飞得比较高。我们还可以将无人机飞低一些，然后再飞远一些，拍出巴里卡萨岛的侧面效果，如图 9-16 所示。

图9-16　航拍巴里卡萨岛的侧面效果

在海岛的前面有一些游船，用来作为前景也是非常不错的。巴里卡萨岛呈圆形状，海水干净、清澈见底，我们还可以拍出岛屿的细节风景，将无人机飞到巴里卡萨岛的正上空，以垂直90°俯拍局部，半C形构图还能拍出岛屿的曲线美，如图9-17所示。

图9-17　以垂直90°俯拍巴里卡萨岛的局部

下面再向读者展示两幅在薄荷岛、花鸟岛航拍的岛屿风景图，希望可以给大家一些灵感，使读者掌握更多的海岛风景航拍技巧，如图9-18所示。

（a）

图9-18　在薄荷岛（a）、花鸟岛（b）航拍的岛屿风景图

（b）

图9-18（续）

085
航拍璀璨夜景照片

　　夜景作为无人机摄影的难点，航拍者需要具备一定的技巧才能拍好。当然，如果用户什么都不会，那么至少要先打开无人机中的"纯净夜拍"模式再去拍摄，如图9-19所示。具体的设置技巧，在第4章第37招中有详细的操作说明，这里不再重复介绍。

图9-19　选择"纯净夜拍"模式去拍摄

　　在光线不足的夜晚拍摄时，使用"纯净夜拍"模式可以提升亮部和暗部的细节呈现，以及带来更强大的降噪能力。图9-20所示是在台州市区上空航拍的璀璨夜景效果，可以看到灯火阑珊，甚是壮观，夜景的主要光源来自于路边的灯光、空中的明月以及人工灯光。

图9-20　在台州市上空航拍的璀璨夜景效果

　　夜景光线的特点在于它既是构成画面的一部分，又给夜景的拍摄提供了必要的光源，如果拍摄的夜晚景色没有人造灯光的照射，那么画面效果会大大减弱。图9-21所示是在湘西凤凰古城航拍的夜景效果，人造灯光点亮了整个古镇，呈现出一片热闹的景象。

图9-21　在湘西凤凰古城航拍的夜景效果

　　在凤凰古镇拍摄夜景照片时，我们还可以将无人机飞行在沱江之上，以低空飞行的姿态穿梭在江面中，拍摄两侧的建筑灯光和水中的倒影，整幅画面美极了，如图9-22所示。

> **专家提醒**
>
> 　　如果用户想深入学习夜景摄影，建议读者参考清华大学出版社出版的《慢门、延时、夜景摄影从入门到精通》这本书，让你的夜景摄影功力变得雄厚，学得更多，拍得更美。

图9-22　以低空飞行拍摄两侧建筑灯光

086
航拍桥梁车流照片

我们看到过很多的桥，那么，怎样才能将我们身边常见的桥梁拍出特色呢？站在远处拍桥，可以体现出桥的整体特点，还可以将周围的景物也容纳进来，如水面、天空、建筑等，使画面内容更加丰富，整体效果更加大气恢宏。

图9-23所示是在舟山枸杞岛航拍的桥梁照片，无人机飞行在桥梁的上空，画面中有海、桥、枸杞岛、天空等元素。大家也可以从不同的角度、不同的方位以及不同的取景位置来拍摄桥梁，以此来获得更好的航拍效果。

图9-23　在舟山枸杞岛航拍的桥梁照片

专家提醒

图 9-23 中的这张照片，是以天空视角俯拍的桥梁，因为天上的云彩不是特别多，所以桥梁占据了画面的大部分区域，使主体更加突出，用户还可以采用斜线的构图手法来拍摄桥梁，将无人机再向侧面飞行一段距离，使桥梁在画面中呈斜线形状，使画面具有延伸感。

图 9-24 所示的这张照片是在长沙福元路大桥旁以低视角航拍的照片，拍摄时天气非常晴朗，阳光普照，天空中的云彩也特别漂亮。无人机飞行在湖面上，用仰视的角度航拍桥梁，天空中的云彩层次分明、形状各异，特别有立体感，可以很好地点缀画面。

专家提醒

所以，当天空中的云彩较多、形态较为美观的时候，我们可以多拍摄一些天空中的景色来衬托桥梁，使整个画面更加丰富多彩。

图9-24　在长沙福元路大桥旁以低视角航拍的照片

当夜幕降临的时候，桥上会有五彩的灯光，在灯光的照耀下，桥面就会显得非常华丽，周围的水面也会被染上一层光辉，如图 9-25 所示是在台州市区上空拍摄的大桥夜景。

我们还能以慢速快门的方式拍摄桥上车流的轨迹和光影效果，虽然拍不清汽车飞驰的样子，但可以拍摄出汽车行驶的轨迹，如图 9-26 所示是在长沙三汊矶大桥上空航拍的车流光影效果。

一张好的作品通常不是随手拍出来的，而是经过深度思考之后才能完成的，那么思考的过程就是摄影前的构图。图 9-26 所示的这张照片航拍视角十分独特，并采用了上三分线构图手法，桥梁两侧 360° 的转盘形成了对称效果，桥梁转盘与四周昏暗的环境也能形成强烈的对比。

要想拍摄出这样的效果，方法十分简单，用户只需要在拍摄时将无人机的拍摄模式设置为 M 手动挡，然后设置 ISO、光圈以及快门的参数，如图 9-27 所示。目前无人机的快门时间最长为 8s，我们可以将其设置为 8s，ISO 设置为最低值，这样可以减少画面噪点。

图9-25 在台州市区上空拍摄的大桥夜景

图9-26 在长沙三汊矶大桥上空航拍的车流光影效果

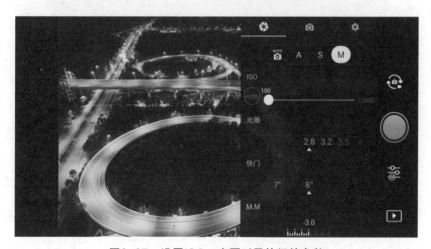

图9-27 设置ISO、光圈以及快门的参数

087
航拍日落晚霞照片

日落晚霞是一个经久不衰的拍摄题材，拍摄者可以利用水面、云彩等其他景物来美化画面。日落的拍摄比日出要简单一些，因为拍摄者可以目睹其下落的全部过程，对位置和亮点都可以进行预测。拍摄者还可以巧妙地结合水面的太阳光影进行构图，使画面更具意境美。

图9-28所示是在泰国普吉岛航拍的一张日落晚霞照片，这样的日落晚霞非常华丽，美得令人陶醉。通常，在太阳快接近地平线时，空中的云彩在夕阳的折射和反射下，可以表现出精彩的变化，当太阳落到地平线以下时，在此后的一段时间内，天空仍然会存在精美的色彩，这也是拍摄日落的最佳时机。

> **专家提醒**
>
> 海边、江边、河边是拍摄日落的常见地点，通常在这些地点航拍日落晚霞时，地平线的遮挡物比较少，而且水面在夕阳的映衬下可以泛出一层红光。此时，拍摄者可以运用水平构图的方式，拍摄出更加宽广的海面或者江面风格，而且画面的纯粹感与集中度也会得到提高，使日落晚霞的画面更具层次感和立体感。

大气层中的云是自然的反光物体，在日出和日落时，这些云可以传播太阳的光线，从而产生彩霞，并发生各种精彩的变化。在这个时间段，周围的景物也会在绚丽多彩的朝霞或晚霞的映射下产生多种美妙的颜色变化。在拍摄亮边云彩的时候，需要在云层完全遮住太阳后进行拍摄，此时太阳会从云层的背后射出，形成放射线的光芒，可以增强照片的感染力。

图9-28　在泰国普吉岛航拍的一张日落晚霞照片

图9-29所示是在新疆魔鬼城上空航拍的两张日落晚霞照片，太阳已经完全被云层挡住，放射出的光芒使天边的云彩变得更加绚丽，天空中的云层比较厚，因此只能看到云彩的颜色变化以及放射的光芒。

（a）

（b）

图9-29　在新疆魔鬼城上空航拍的两张日落晚霞照片

088
航拍高原雪山照片

　　高原雪山是个充满诱惑力的摄影题材，高原雪山景色的一个共同特征是高原地区的反光率比较平均，色调相差不大。如果光线选不好，则会导致景色结构不清晰，画面缺少层次、缺少变化，因此在拍摄高原雪山的时候，选择好光线和角度是非常重要的。

　　图9-30所示是在珠穆朗玛峰大本营的雪域高原上航拍的照片，高原地貌别具特色，使用无人机进行侧光拍摄，能较好地表现高原地貌的轮廓线条，并形成明暗影调的起伏感，还能拉开相同颜色物体的色调反差，并丰富画面的影调层次，使高原风光更具有立体感。远处的雪山也若隐若现，特别具有高原雪山的特色。

图9-30　在珠穆朗玛峰大本营的雪域高原上航拍的照片

将无人机往雪山方向飞去，可以拍出雪山的轮廓与云彩的细节，如图9-31所示。

图9-31　拍出雪山的轮廓与云彩的细节

089
航拍秀美山川照片

山川可能是旅途中最常见的风景了，当然这也是一种重要的航拍摄影题材。图9-32所示是在台州长潭水库上空以俯视角度拍摄的山川，画面展现出了其连绵、蜿蜒之势。

在山顶上，经常会出现云雾，虽然它们会遮挡部分景物细节，但同时也可以使画面意境更具神秘感和缥缈感，获得虚实对比的效果，图9-33所示是在烟云绕楠溪上空航拍的山川云雾。

图9-32 在台州长潭水库上空以俯视角度拍摄的山川

图9-33 在烟云绕楠溪上空航拍的山川云雾

第10章

醒图App手机修图：
8招助你分分钟修出大片

学 | 习 | 提 | 示

　　用户在用无人机拍完照片后，可以直接运用手机中的修图 App 来处理照片。这些 App 可以满足用户的基本修图需求，如裁剪照片、添加滤镜、添加文字内容等。用户处理完成后，可以直接将照片导出到相册中，或者分享到朋友圈、微博等社交平台上。本章以醒图 App 为例，介绍手机修图的具体方法。

090
裁剪照片二次构图

【效果对比】醒图中的构图功能可以实现对图片进行裁剪、旋转和矫正处理。下面为大家介绍如何裁剪照片，进行二次构图，并改变画面的比例。原图与效果对比如图 10-1 所示。

裁剪照片
二次构图

（a）　　　　　　　　　　　　　（b）

图10-1　原图与效果对比

裁剪照片二次构图的操作方法如下。

步骤 01　打开醒图 App，点击"导入"按钮，如图 10-2 所示。

步骤 02　在"全部照片"选项卡中选择一张照片，如图 10-3 所示。

步骤 03　进入醒图图片编辑界面，切换至"调节"选项卡，选择"构图"选项，如图 10-4 所示。

步骤 04　选择"正方形"选项，更改比例；点击"还原"按钮，如图 10-5 所示。

步骤 05　复原比例，选择"9：16"选项，更改比例样式；并调整照片的位置，让车子处于左三分线上的位置；确定构图之后，点击✓按钮，如图 10-6 所示。

步骤 06　预览效果，可以看到照片最终变成了竖屏样式，裁剪了不需要的画面，还展示了更细节的画面内容，然后点击保存按钮⤓保存照片至相册中，如图 10-7 所示。

💬 专家提醒

除了选定比例样式进行二次构图之外，还可以拖曳裁剪边框进行构图。

图10-2 点击"导入"按钮

图10-3 选择一张照片

图10-4 选择"构图"选项

图10-5 点击"还原"按钮

图10-6 点击相应按钮

图10-7 点击保存按钮

091 局部调整画面细节

局部调整
画面细节

【效果对比】通过调整，能够提高局部的亮度，也可以降低局部的亮度。下面的例子主要是把天空部分提亮，让夕阳云彩更加美丽。原图与效果对比如图 10-8 所示。

图10-8 原图与效果对比

局部调整画面细节的操作方法如下。

步骤 01 在醒图 App 中导入照片素材，切换至"调节"选项卡；选择"局部调整"选项，如图 10-9 所示。

步骤 02 进入"局部调整"界面，会弹出相应的操作步骤提示，点击画面中天空下方左侧的位置，添加一个点；然后向右拖曳滑块，设置"亮度"参数为100，提高天空的亮度，如图 10-10 所示。

步骤 03 点击画面中右下角的位置，添加一个点；向左拖曳滑块，设置"亮度"参数为 –100，增加画面阴影，如图 10–11 所示。

图10-9 选择"局部调整"　　图10-10 设置"亮度"　　图10-11 设置"亮度"
选项　　　　　　　参数（1）　　　　　参数（2）

步骤 04 选择"对比度"选项；设置参数为 7，增加右下角暗部区域的明暗对比，如图 10-12 所示。

步骤 05 选择左侧的点；然后选择"饱和度"选项；设置参数为 13，让阳光照射下来的画面区域的色彩更加鲜艳，如图 10-13 所示。

步骤 06 选择"效果范围"选项；设置参数为 65，让左侧点的亮度和饱和度调整范围扩大一些，如图 10-14 所示。

图10-12 设置"对比度"参数

图10-13 设置"饱和度"参数

图10-14 设置"效果范围"参数

> **专家提醒**
>
> 在"局部调整"界面中添加点之后，可以调整局部的"效果范围""亮度""对比度""饱和度""结构""光感""色温"和"色调"参数。
>
> 调整"效果范围"参数可以调整所设置的点的影响范围大小；调整"亮度""光感"参数可以调整画面曝光；调整"对比度"参数可以调整画面的明暗对比；调整"饱和度"参数可以调整画面色彩的鲜艳程度；调整"结构"参数可以调整画面的清晰度；调整"色温"和"色调"参数可以调整画面的冷暖色调。

092 智能优化美化照片

智能优化
美化照片

【效果对比】醒图 App 里的智能优化功能可以一键处理照片，优化原图色彩和明暗度，让照片画面更加靓丽。原图与效果对比如图 10-15 所示。

图10-15 原图与效果对比

智能优化美化照片的操作方法如下。

步骤 01 在醒图 App 中导入照片素材，切换至"调节"选项卡；选择"智能优化"选项，如图 10-16 所示。

步骤 02 优化照片画面之后，选择"光感"选项，如图 10-17 所示。

步骤 03 设置"光感"参数为 38，增加画面曝光，如图 10-18 所示。

图10-16 选择"智能优化"选项　图10-17 选择"光感"选项　图10-18 设置"光感"参数

专家提醒

如果用户对智能优化的效果不满意，也可以关闭该功能，继续其他的调色操作。

步骤 04 选择"色温"选项；设置参数为 39，让画面偏暖色，如图 10-19 所示。

步骤 05 选择"色调"选项；设置参数为 30，让画面的部分色彩偏洋红色，如图 10-20 所示。

步骤 06 选择"自然饱和度"选项，设置参数为100，让画面色彩更鲜艳，从而让照片更加美观，如图10-21所示。

图10-19 设置"色温"参数　　图10-20 设置"色调"参数　　图10-21 设置"自然饱和度"参数

结构处理让照片更清晰

093 结构处理让照片更清晰

【效果对比】醒图App里的结构处理功能可以让画面中的结构变得清晰起来，再通过调色处理，就可以拯救"废片"，获得一张心仪的照片。原图与效果对比如图10-22所示。

结构处理的操作方法如下。

步骤 01 在醒图App中导入照片素材，切换至"调节"选项卡；选择"结构"选项；设置参数为100，强化画面细节轮廓，如图10-23所示。

步骤 02 设置"锐化"参数为23，让画面变得清晰一些，如图10-24所示。

步骤 03 选择"HSL"选项，对画面中的色彩进行精准调色，如图10-25所示。

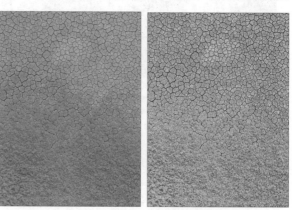

图10-22 原图与效果对比

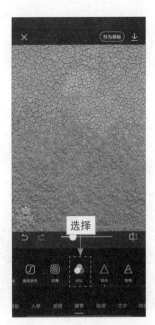

图10-23 设置"结构"参数　　图10-24 设置"锐化"参数　　图10-25 选择"HSL"选项

步骤 04 在"HSL"面板中选择绿色选项◯；设置"色相"参数为32，"饱和度"参数为100，"明度"参数为25，调整画面中小草的色彩，使其更加嫩绿，部分参数如图 10-26 所示。

步骤 05 设置"对比度"参数为42，增加画面的明暗对比，如图 10-27 所示。

步骤 06 设置"自然饱和度"参数为100，再稍微提升一下色彩饱和度，让画面整体效果更惊艳，如图 10-28 所示。

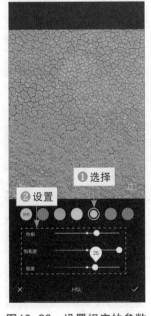

图10-26 设置相应的参数　　图10-27 设置"对比度"　　图10-28 设置"自然饱
　　　　　　　　　　　　　　　　　参数　　　　　　　　　和度"参数

为照片添加滤镜进行调色

094
为照片添加滤镜进行调色

【效果对比】为了让照片更有大片感，通过在醒图 App 中添加相应的电影级滤镜，就可以一键实现提升照片质感。原图与效果对比如图 10-29 所示。

图10-29　原图与效果对比

为照片添加滤镜的操作方法如下。

步骤 01 在醒图 App 中导入照片素材，切换至"滤镜"选项卡；展开"电影"选项区；选择"爱乐之城"滤镜，初步调色，如图 10-30 所示。

步骤 02 切换至"调节"选项卡；选择"HSL"选项，如图 10-31 所示。

步骤 03 在"HSL"面板中选择紫色选项○；设置"色相"参数为 −37，"饱和度"参数为 100，调整画面中云彩的颜色，让其偏紫色，部分参数如图 10-32 所示。

图10-30　选择"爱乐之城"滤镜　　图10-31　选择"HSL"选项　　图10-32　设置相应的参数

步骤 04 点击✓按钮确认操作，继续选择"曲线调色"选项，如图 10-33 所示。

步骤 05 选择红色曲线；向上微微拖曳红色曲线中间的点，如图 10-34 所示。

图10-33 选择"曲线调色"选项　　图10-34 拖曳红色曲线中间的点

步骤 06 让画面天空偏粉紫色，点击✓按钮确认操作，选择"自然饱和度"选项；设置参数为 54，提升色彩饱和度，如图 10-35 所示。

步骤 07 设置"饱和度"参数为 16，让画面色彩更加鲜艳，如图 10-36 所示。

步骤 08 设置"光感"参数为 35，稍微增加一些画面曝光，如图 10-37 所示。

图10-35 设置"自然饱和度"参数　　图10-36 设置"饱和度"参数　　图10-37 设置"光感"参数

095
制作照片的海报文字效果

【效果对比】醒图 App 中的文字和贴纸素材十分丰富，用户可以将自己的航拍照片制作成一张海报，提升照片的格调和品位。原图与效果对比如图 10-38 所示。

制作照片海报文字效果的操作方法如下。

步骤 01 在醒图 App 中导入照片素材，切换至"文字"选项卡，如图 10-39 所示。

步骤 02 展开"标题"选项区，选择一款文字模板，如图 10-40 所示。

步骤 03 双击文字，并更改部分文字内容，如图 10-41 所示，然后切换至"贴纸"选项卡。

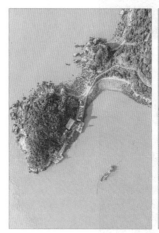
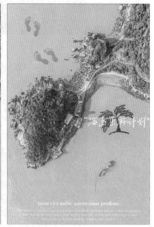

图10-38 原图与效果对比

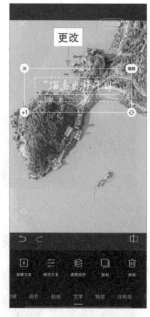

图10-39 切换至"文字"选项卡　　图10-40 选择一款文字模板　　图10-41 更改部分文字内容

步骤 04 搜索"海岛"，从搜索结果中选择一款椰树贴纸，如图 10-42 所示。

步骤 05 调整椰树贴纸和文字的大小、位置，使其处于画面右侧；选择椰树贴纸，点击"调整顺序"按钮，如图 10-43 所示。

步骤 06 选择"置底"选项，让椰树贴纸处于文字的下方，如图 10-44 所示。

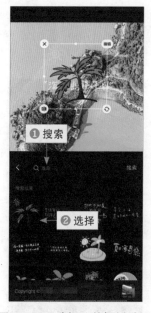

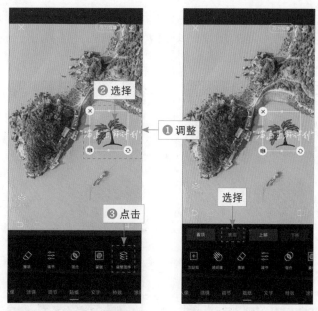

图10-42 选择一款椰树贴纸 　图10-43 点击"调整顺序"按钮 　图10-44 选择"置底"选项

步骤 07 点击"加贴纸"按钮，搜索"脚印"；在搜索结果中选择一款贴纸；调整脚印贴纸的大小和位置，如图 10-45 所示。

步骤 08 选择"透明度"选项；设置参数为 50，淡化效果，如图 10-46 所示。

步骤 09 点击"复制"按钮，复制脚印贴纸，如图 10-47 所示。

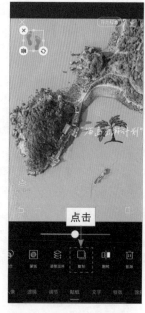

图10-45 调整脚印贴纸的　图10-46 设置"透明度"　图10-47 点击"复制"
　　大小和位置　　　　　参数　　　　　　按钮

步骤 10 调整复制后的贴纸大小和位置；点击"加贴纸"按钮，如图 10-48 所示。

步骤 11 搜索"电影"；在搜索结果中选择一款贴纸，如图 10-49 所示。

步骤 12 调整电影贴纸的大小和位置，使其处于画面的下方，让海报整体具有电影大片感，如图 10-50 所示。

图10-48　点击"加贴纸"按钮

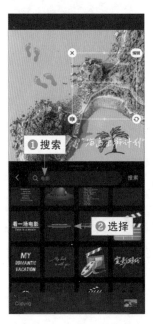

图10-49　选择一款贴纸

图10-50　调整贴纸的大小和位置

096
批量修图并进行多图拼接

批量修图并进行多图拼接

【效果对比】对于多张同设备、同环境下航拍出来的照片素材，可以在醒图 App 中进行批量修图，之后还可以拼接多张照片，让照片更有设计感。原图与效果对比如图 10-51 所示。

批量修图并进行多图拼接的操作方法如下。

步骤 01 打开醒图 App，点击"批量修图"按钮，如图 10-52所示。

步骤 02 依次选择 3 张照片，点击"完成"按钮，如图 10-53所示。

步骤 03 切换至"滤镜"选项卡，选择"鲜亮"自然滤镜，点击"应用全部"按钮，如图 10-54 所示，让滤镜效果应用到所有照片中。

图10-51　原图与效果对比

图10-52 点击"批量修图" 按钮

图10-53 点击"完成" 按钮

图10-54 点击"应用全部" 按钮

步骤 04 切换至"调节"选项卡；设置"对比度"参数为59，增加明暗对比，如图10-55所示。

步骤 05 设置"自然饱和度"参数为100，让画面更鲜艳，如图10-56所示。

步骤 06 设置"光感"参数为25，增加曝光；点击"应用全部"按钮，如图10-57所示，把调节效果应用到所有照片中，然后点击↓按钮导出3张修好的照片。

图10-55 设置"对比度"参数　　图10-56 设置"自然饱和度"参数　　图10-57 点击相应的按钮

步骤 07 在醒图 App 的"修图"界面中点击"拼图"按钮，如图 10-58 所示。

步骤 08 依次选择 3 张调好色的照片；点击"完成"按钮，如图 10-59 所示。

步骤 09 选择"9：16"选项；并选择一个拼图样式，如图 10-60 所示。

图10-58　点击"拼图"按钮　　　图10-59　点击"完成"按钮　　　图10-60　选择一个拼图样式

步骤 10 长按并拖曳照片至相应的位置，调整 3 张照片的拼图布局，如图 10-61 所示。

步骤 11 选择第 1 张照片；选择"水平翻转"选项，翻转画面，如图 10-62 所示。

步骤 12 选择第 2 张照片；调整照片的位置，使照片中的车子处于画面中间，如图 10-63 所示，最后点击↓按钮导出拼图。

图10-61　调整3张照片的　　　图10-62　选择"水平翻转"　　　图10-63　调整照片的位置
　　　　　拼图布局　　　　　　　　　　　　选项

097
醒图中的其他有趣玩法功能

在醒图 App 中还有许多新奇有趣的玩法功能，一键即可操作，能满足用户的各种需求，并且能让用户的照片更有特色，下面进行相应的介绍。

漫画玩法功能

1. 漫画玩法功能

【效果对比】在醒图 App 中利用漫画玩法功能，可以把现实中的场景变得像从漫画中出来的一样，让你得到一张风格不同的照片。原图与效果对比如图 10-64 所示。

图10-64　原图与效果对比

漫画玩法的操作方法如下。

步骤 01　在醒图 App 中导入照片素材，切换至"玩法"选项卡，如图 10-65 所示。

步骤 02　弹出相应的面板后，展开"漫画"选项区，选择"经典漫画"选项，即可转换画面，如图 10-66 所示。

图10-65　切换至"玩法"选项卡　　　　图10-66　选择"经典漫画"选项

2. 消除笔功能

消除笔功能

【效果对比】消除笔可以去除画面中不需要的部分，它运用画笔涂抹的方式操作，步骤十分简单，可以用于去除水印文字。原图与效果对比如图 10-67 所示。

图10-67　原图与效果对比

消除笔去水印的操作方法如下。

步骤 01 在醒图 App 中导入照片素材，切换至"人像"选项卡；选择"消除笔"选项，如图 10-68 所示。

步骤 02 设置画笔"大小"参数为 45，然后涂抹画面中的文字，如图 10-69 所示。

步骤 03 执行上述操作即可消除不需要的水印文字，如图 10-70 所示。

图10-68　选择"消除笔"选项　　图10-69　涂抹画面中的文字　　图10-70　消除不需要的水印文字

3. 路人消除玩法

路人消除玩法

【效果对比】如果航拍照片中出现了路人，则可以用醒图 App 中的路人消除玩法，让路人"消失"。原图与效果对比如图 10-71 所示。

路人消除玩法的操作方法如下。

步骤 01 在醒图 App 中导入照片素材，切换至"玩法"选项卡，展开"特效"选项区；选择"路人消除"选项，如图 10-72 所示。

步骤 02 这里我们发现还有一个路人未被消除，因此在"人像"选项卡中选择"消除笔"选项，涂抹画面中的路人，如图 10-73 所示。

步骤 03 至此即可实现消除路人，让画面只保留风景，如图 10-74 所示。

图10-71 原图与效果对比

图10-72 选择"路人消除"选项　　图10-73 涂抹画面中的路人　　图10-74 消除路人

4. 黎明蓝调玩法

【效果对比】假如想在照片中添加一个月亮，则可以用黎明蓝调玩法，让航拍照片中出现一轮若隐若现的月亮。原图与效果对比如图 10-75 所示。

黎明蓝调玩法

黎明蓝调玩法的操作方法如下。

步骤 01 在醒图 App 中导入照片素材，切换至"玩法"选项卡，如图 10-76 所示。

图10-75 原图与效果对比

步骤 02 展开"换天"选项区，选择"黎明蓝调"选项，即可让天空中出现月亮，如图 10-77 所示。

图10-76　切换至"玩法"选项卡　　　　图10-77　选择"黎明蓝调"选项

5. AI 绘画玩法

AI绘画玩法

【效果对比】AI 绘画是现在很流行的一种玩法，能让你的照片瞬间变得截然不同，充满想象的空间。原图与效果对比如图 10-78 所示。

图10-78　原图与效果对比

AI 绘画玩法的操作方法如下。

步骤 01 打开醒图 App，点击"AI 绘画"按钮，如图 10-79 所示。

步骤 02 在"全部照片"选项卡中选择一张照片，如图 10-80 所示。

步骤 03 展开"AI（人工智能）- 日漫"选项区；选择"神明"选项，即可实现 AI 绘画，如图 10-81 所示。

图10-79　点击"AI绘画"按钮

图10-80　选择一张照片

图10-81　选择"神明"选项

6. 夏日晴空玩法

【效果对比】如果想要有蓝天白云的效果，则可以用夏日晴空玩法实现一键换天，让天空更加纯净。原图与效果对比如图 10-82 所示。

夏日晴空玩法

图10-82　原图与效果对比

夏日晴空玩法的操作方法如下。

步骤 01　在醒图 App 中导入照片素材，切换至"玩法"选项卡，如图 10-83 所示。

步骤 02　展开"换天"选项区；选择"夏日晴空"选项，天空就会变成有蓝天白云的天空，如图 10-84 所示。

步骤 03　点击✓按钮确认操作，切换至"滤镜"选项卡；在"油画"选项区中选择"珠光蓝"滤镜，给照片调色，如图 10-85 所示。

步骤 04　切换至"调节"选项卡；选择"HSL"选项，如图 10-86 所示。

步骤 05　选择蓝色选项◯；设置"色相"参数为 −45，"饱和度"参数为 −27，"亮度"参数为 -15，让天空变成天蓝色，如图 10-87 所示。

步骤 06 选择"自然饱和度"选项；设置参数为 30，调整画面的整体色彩，使换天的效果更自然，如图 10-88 所示。

图10-83　切换至"玩法"
选项卡

图10-84　选择"夏日晴空"
选项

图10-85　选择"珠光蓝"
滤镜

图10-86　选择"HSL"选项

图10-87　设置相应的参数

图10-88　设置"自然
饱和度"参数

第11章

Photoshop计算机精修：
5招修出精彩绝伦高质画感

学 | 习 | 提 | 示

　　Photoshop 作为一款强大的计算机修图软件，在其中可以进行航拍照片修图，让修图方式更加方便，画质更加精美。本章通过 5 个后期实例，讲解航拍照片的后期精修技巧，通过介绍各种类型的航拍照片修图思路，帮助大家熟悉 Photoshop 中的一些功能，并让照片"焕发生机"，展现出不一样的风采和色调。

098 展现灿烂美丽的山花

【效果对比】在野外航拍美丽的山花景色时，会受到一些外界的影响，从而导致照片比较灰暗，美感不足。在后期处理中，可以利用"亮度／对比度""色阶""自然饱和度"等命令调整照片，展现灿烂美丽的山花色彩。原图与效果对比如图11-1所示。

图11-1　原图与效果对比

展现灿烂美丽的山花的操作方法如下。

步骤 01 单击"文件"|"打开"命令，打开素材图像，如图11-2所示。

步骤 02 按Ctrl + J组合键，复制图层，得到"图层1"图层，如图11-3所示。

图11-2　打开素材图像

图11-3　得到"图层1"图层

步骤 03 新建"色阶1"调整图层，在打开的"属性"面板中设置RGB参数为23、1.08、255，如图11-4所示。

步骤 04 执行上述操作后，照片中阴影部分变暗，高光部分变亮，效果如图11-5所示。

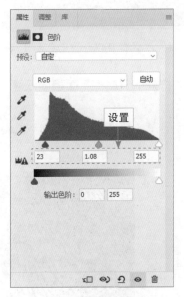

图11-4　设置RGB参数　　　图11-5　调整画面阴影和高光

步骤05　新建"色彩平衡 1"调整图层，在打开的"属性"面板中设置"中间调"参数为 -13、21、26，如图 11-6 所示。

步骤06　执行上述操作后，调整了画面整体色彩的中间色调，效果如图 11-7 所示。

步骤07　新建"自然饱和度 1"调整图层，设置"自然饱和度"参数为 10，"饱和度"参数为 22，如图 11-8 所示。

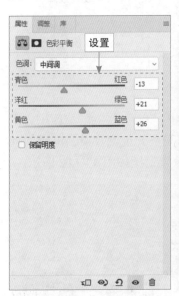

图11-6　设置"中间调"参数　图11-7　调整整体色彩的中间色调　图11-8　设置相应的参数（1）

步骤08　执行上述操作后，可以明显增强画面的色彩饱和度，效果如图 11-9 所示。

> **专家提醒**
>
> 当画面比较暗淡时，提升"自然饱和度"和"饱和度"参数就可以让画面色彩变得鲜艳。

步骤09 新建"亮度/对比度1"调整图层，在打开的"属性"面板中设置"亮度"参数为10，"对比度"参数为25，如图11-10所示。

步骤10 执行上述操作后，可以明显增加画面曝光，让画面色彩明暗对比更加明显，最终效果如图11-11所示。

图11-9　增强画面的色彩饱和度　图11-10　设置相应的参数（2）　　图11-11　最终效果

制作梦幻的
山峦夕阳

099
制作梦幻的山峦夕阳

【效果对比】本实例的素材色彩非常暗淡，在后期处理中，利用"曲线""色相/饱和度""色阶"等命令调整图像，加强画面中的夕阳云彩和天空的色调效果，再增加画面的明暗对比，就能制作出梦幻的山峦夕阳景色。原图与效果对比如图11-12所示。

图11-12　原图与效果对比

制作梦幻山峦夕阳的操作方法如下。

步骤 01 单击"文件"|"打开"命令，打开素材图像，新建"曲线 1"调整图层，在打开的"属性"面板中设置 RGB 的"输入"参数为 154，"输出"参数为 164，如图 11-13 所示。

步骤 02 执行上述操作后，画面的亮度有所提高，效果如图 11-14 所示。

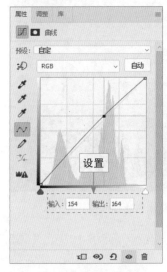

图11-13 设置相应的参数（1）

图11-14 提升画面亮度

步骤 03 新建"色阶 1"调整图层，在打开的"属性"面板中设置 RGB 参数为 20、0.92、251，如图 11-15 所示。

步骤 04 执行上述操作后，整体增强了画面的明暗对比，效果如图 11-16 所示。

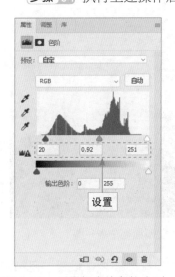

图11-15 设置相应的参数（2）

图11-16 增强画面的明暗对比

步骤 05 新建"色相 / 饱和度 1"调整图层，在打开的"属性"面板中设置"色相"参数为 -6，"饱和度"参数为 13，如图 11-17 所示。

步骤 06　执行上述操作后，让天空的蓝色变得鲜艳一些，增加了整体的色彩饱和度，效果如图 11-18 所示。

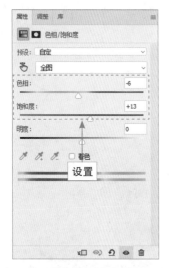

图11-17　设置相应的参数（3）

图11-18　增加整体色彩饱和度

步骤 07　新建"亮度/对比度1"调整图层，在打开的"属性"面板中设置"亮度"参数为 10，"对比度"参数为 50，如图 11-19 所示。

步骤 08　执行上述操作后，可以增加曝光，让画面变得清晰一些，效果如图 11-20 所示。

图11-19　设置相应的参数（4）

图11-20　增加曝光，让画面变清晰一些

步骤 09　新建"自然饱和度1"调整图层，在打开的"属性"面板中设置"自然饱和度"参数为 28，"饱和度"参数为 23，如图 11-21 所示。

步骤 10　执行上述操作后，画面中的夕阳天空色彩更加鲜艳一些，效果如图 11-22 所示。

图11-21　设置相应的参数（5）

图11-22　让夕阳天空色彩更加鲜艳一些

专家提醒

　　在对航拍照片调色时，可以先给照片分类，这样就能清楚地找到调色目标。例如，给风光照片调色，就要突出整体的大气特点；给航拍建筑调色，就可以针对主体进行重点调色。

浩瀚无边的
沙漠风光

100 浩瀚无边的沙漠风光

　　【效果对比】在航拍沙漠照片时，如果没有强烈的对比感和燥热感，沙漠风光就不会太出色。在后期处理中，我们可以利用"曲线""色相 / 饱和度""亮度 / 对比度"等命令调整图像色彩，展现其浩瀚无边的沙漠风光。原图与效果对比如图 11-23 所示。

图11-23　原图与效果对比

制作浩瀚无边的沙漠风光的操作方法如下。

　步骤 01　单击"文件" | "打开"命令，打开素材图像，新建"曲线 1"调整图层，

在打开的"属性"面板中设置 RGB 的"输入"参数为 124，"输出"参数为 99，如图 11-24 所示。

步骤 02 执行上述操作后，会稍微降低画面的亮度，效果如图 11-25 所示。

图11-24　设置相应的参数（1）

图11-25　降低画面的亮度

步骤 03 新建"色相/饱和度1"调整图层，在打开的"属性"面板中设置"全图"选项的"饱和度"参数为16，"红色"选项的"饱和度"参数为7，"黄色"选项的"饱和度"参数为5，部分参数如图11-26所示。

步骤 04 执行上述操作后，会让沙漠色彩偏橙红色一些，效果如图11-27所示。

图11-26　设置相应的参数（2）

图11-27　让沙漠色彩偏橙红色一些

步骤 05 新建"亮度/对比度1"调整图层，在打开的"属性"面板中设置"亮度"参数为 -10，"对比度"参数为52，如图11-28所示。

步骤 06 执行上述操作后，可以中和橙红色，使沙漠色彩更自然一些，效果如图11-29所示。

图11-28 设置相应的参数（3）

图11-29 使沙漠色彩更自然一些

专家提醒

无人机在天空俯视航拍地面的时候，通常都会曝光过度，因此适当降低画面曝光，可以让画面看起来更有质感。

101 打造巍峨的雪山美景

打造巍峨的雪山美景

【效果对比】在航拍雪山风光时，可能会由于距离过远、天气光线不好等因素，不能很好地体现雪山本身的色彩。在后期处理中，需要利用"色阶""色相/饱和度""减少杂色"等命令调整图像，加强画面的层次感，打造出巍峨的雪山美景。原图与效果对比如图 11-30 所示。

图11-30 原图与效果对比

打造巍峨的雪山美景的操作方法如下。

步骤01 单击"文件"|"打开"命令，打开素材图像，新建"色阶1"调整图层，在打开的"属性"面板中设置 RGB 参数为 20、1.25、244，如图 11-31 所示。

步骤 02 执行上述操作后，可以调整画面的明暗对比，效果如图 11-32 所示。

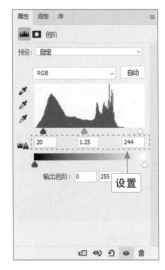

图11-31　设置相应的参数（1）　　　　图11-32　调整画面的明暗对比

步骤 03 新建"色相/饱和度1"调整图层，在打开的"属性"面板中设置"饱和度"参数为50，如图11-33 所示。

步骤 04 执行上述操作后，可以让整体色彩更加鲜艳，效果如图 11-34 所示。

图11-33　设置"饱和度"参数　　　　图11-34　让整体色彩更加鲜艳

步骤 05 新建"曲线1"调整图层，在打开的"属性"面板中设置RGB的"输入"参数为139，"输出"参数为130，如图 11-35 所示。

步骤 06 执行上述操作后，可以让暗部区域变暗一些，提高画面层次感，效果如图 11-36 所示。

步骤 07 按 Ctrl+Alt+Shift+E 组合键，盖印可见图层，得到"图层1"图层，如图 11-37 所示。

图11-35 设置相应的参数（2）

图11-36 提高画面层次感

步骤 08 单击"滤镜"I"杂色"I"减少杂色"命令，在打开的"减少杂色"对话框中，设置"强度"参数为10，"保留细节"参数为20%，"减少杂色"参数为60%，"锐化细节"参数为15%；单击"确定"按钮，减少图像杂色，如图11-38所示。

图11-37 得到"图层1"图层

图11-38 单击"确定"按钮

102 制作漂亮大气的海景

制作漂亮大气的海景

【效果对比】在航拍海景风光时，由于天空中的云朵较多，光线有些不足，因此海面处于偏灰的状态。因此，在后期处理中，可以利用"色阶""选取颜色"等命令调整图像色彩，打造出漂亮大气的海景风光。原图与效果对比如图11-39所示。

图11-39　原图与效果对比

制作漂亮大气的海景的操作方法如下。

步骤 01 单击"文件"|"打开"命令，打开素材图像，按 Ctrl + J 组合键，复制图层，得到"图层 1"图层，如图 11-40 所示。

步骤 02 展开"通道"面板；选择"蓝"通道，如图 11-41 所示。

图11-40　得到"图层 1"图层

图11-41　选择"蓝"通道

步骤 03 单击"图像"|"应用图像"命令，在打开的"应用图像"对话框中，设置"混合"选项为"滤色"，"不透明度"参数为 30%；单击"确定"按钮，最后单击 RGB 通道；然后查看图像效果，如图 11-42 所示。

步骤 04 新建"色阶 1"调整图层，在打开的"属性"面板中设置 RGB 的参数为 19、1.03、241，如图 11-43 所示。

步骤 05 执行上述操作后，可以调整画面的明暗对比，效果如图 11-44 所示。

步骤 06 新建"色彩平衡 1"调整图层，在打开的"属性"面板中设置"中间调"参数为 14、20、30，如图 11-45 所示。

步骤 07 执行上述操作后，可以让海水偏青色一些，效果如图 11-46 所示。

步骤 08 新建"选取颜色 1"调整图层，在"颜色"下拉列表框中选择"蓝色"选项；设置"青色"参数为 100%，"洋红"参数为 −80%、"黄色"参数为 −89%、"黑色"参数为 10%，如图 11-47 所示。

图11-42　查看图像效果

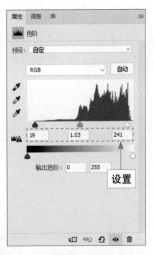

图11-43　设置相应的参数（1）

图11-44　调整画面的明暗对比

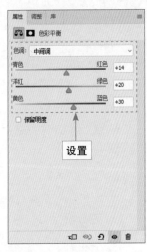

图11-45　设置"中间调"参数

图11-46　让海水偏青色一些

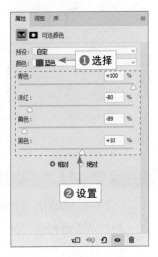

图11-47　设置相应的参数（2）

步骤 09 执行上述操作后，可以让整体偏青蓝色调，效果如图 11-48 所示。

步骤 10 新建"照片滤镜 1"调整图层，在"滤镜"下拉列表框中选择"Deep Blue"（深蓝）选项，如图 11-49 所示。

图11-48　让整体偏青蓝色调

图11-49　选择"Deep Blue"（深蓝）选项

步骤 11 添加滤镜之后，可以看到画面更具青蓝色，最终效果如图 11-50 所示。

图11-50　画面更具青蓝色

💬 专家提醒

　　对于色彩比较单一的航拍照片，我们可以在调色的时候，充分发挥想象空间，调出一个不常见的色调，这个色调可以与主体常见的色调相似或者相反，这样可以使照片具有新鲜感，同时赋予其独特的艺术魅力。

航拍视频篇

航拍视频：
8种方式拍出电影级画面

学 | 习 | 提 | 示

　　在一些大型电影或电视剧场景中，我们经常可以看到航拍视频片段，航拍视频场景不仅景色优美，而且还非常具有震撼力，因为拍摄视角不是平常我们能看到的，因此特别吸引观众的眼球。总之，无人机为影视作品提供了不一样的视角，增加了创作的可能性。本章主要向大家介绍使用无人机拍出电影级视频画面的各种操作技巧。

103 如何拍出吸引人的视频

随着无人机相机像素的逐渐提高和摄像技术的不断提升，视频的成像质量相比前几年已有大幅度提高，加上分享方便的特点，以及短视频平台（抖音、快手等）居高不下的热度，很多摄影用户都在使用无人机拍摄视频。那么，如何才能拍出具有吸引力的视频画面呢？下面介绍使用无人机拍摄视频的三大要素。

1. 保持无人机的稳定

对于无人机视频拍摄而言，画面的清晰度是一个很重要的评判标准，除了为营造特殊艺术效果的情况之外，保持视频画面的清晰度最为重要，而保持无人机稳定是决定视频画面清晰度的关键。所以，在用无人机拍摄视频的过程中，保持无人机的稳定是重中之重。

当我们用无人机拍摄视频画面时，先让无人机在空中停顿5s，待机器稳定之后，再开始录制视频，这样就可以保证视频画面稳定又清晰。

2. 保证画面对焦

当我们在空中航拍视频时，一定要对画面进行对焦，使拍摄的画面由模糊变清晰，同时应该提前找好对焦点，防止在拍摄过程中发生再次对焦的情况，从而保证画面的清晰和流畅。

3. 保证光线充足

在使用无人机航拍视频的过程中，有时会遇到光线不足的情况，如在夜晚航拍视频时，视频就很容易出现噪点，会对画面的美感产生严重的影响，此时可以利用周围的环境光线，如路灯、广告牌灯光等来增加画面的光亮程度。

如果用户所拍摄的主体是建筑物，则要尽量保证建筑物的面光充足，也可以以逆光的方式拍摄建筑物主体，从而拍出更有意境的视频画面。

104 掌握常见的视频航拍角度

无人机本身的便捷性和自由度，使得拍摄者可以采用多种多样的航拍取景姿势，从而拍摄出不同角度下的视频画面。下面介绍一下常用的视频拍摄角度。

1. 俯拍

俯拍是指无人机在空中飞行时，镜头向下俯视拍摄，这是一种最常用的视频拍摄方式。俯拍视角可以很好地表现物体的形状，尤其适合拍摄广阔场面，如风景片、乡村片、旅游景点片等，如图12-1所示。

图12-1　俯拍的拍摄视角

2. 平拍

平拍即无人机镜头与被摄对象处于同一水平线上，拍摄平视角度的视频画面。相对于俯拍而言，采用平拍视角，所拍摄的视频画面与人们的视觉习惯更为相近，也会形成比较正常的透视感，不会产生被摄对象扭曲变形的感觉，加之这个角度运用起来比较快捷和方便，所以平拍被广泛地应用于视频画面的拍摄当中。

3. 垂直拍

垂直拍是指无人机的相机镜头垂直90°向下拍摄地面，可以用于俯拍一段道路延伸的视频，用这种不常见的视角拍摄下来的视频画面，会让人很有感觉，如图12-2所示。

图12-2　俯拍道路延伸的视频

105
静态镜头的拍摄方法

　　静态镜头的拍摄方法是指无人机悬停在空中不动，但被摄对象在运动，这种拍摄方式很简单，只需要提前构图取景，再按下视频拍摄键，即可拍摄视频画面。

　　静态镜头的拍摄方式常用于拍摄天空中的云彩、日转夜的变化效果，或者海水的运动效果，如图 12-3 所示。

图12-3　云彩与海水的运动效果

106
动态镜头的拍摄方法

　　动态镜头是指无人机处于运动状态，一边飞行一边航拍视频画面。无人机的飞行技巧，在第 6 章中进行过详细的介绍，这里不再重复介绍。

　　如果我们需要拍摄这种动态镜头，那么无人机飞行的速度一定要缓慢，以此来保证视频画面的清晰度和稳定性，如果无人机飞行过快，则机器会不稳定，视频画面自然也会不清晰。所以，动态镜头的拍摄技巧主要是慢和稳，这样才能拍摄出稳定流畅的动态镜头画面。

107
移动拍摄视频画面

　　移动拍摄视频画面是指无人机从一侧飞行到另一侧的拍摄方式，这种移动拍摄方式可以为视频画面增加强烈的动感。

　　移动拍摄的方法很简单，让无人机的镜头朝前，进行侧向飞行，如向左或向右飞行，一边飞行一边拍摄视频。视觉方向与飞行方向不同，对我们的操作有一定的考验，但只要我们对摇杆操作熟练，就不会有太大的问题。图12-4所示为移动拍摄视频画面的演示。

图12-4　移动拍摄视频画面的演示

108
拍摄海边风光视频

在海景风光视频中，如果海边的建筑比较有特色，那么还是非常值得拍摄的。另外，海景本身的风光就非常不错，我们可以在海边起飞无人机，将无人机飞至高处后，调整其至合适的位置进行取景，然后按下视频拍摄键，就可以开始录制视频画面，如图12-5所示。

图12-5　无人机在合适的位置取景拍摄视频

拍摄者可以缓慢地上升无人机，控制好摇杆的左右方向，适当旋转无人机，拨动云台俯仰控制拨轮，将镜头缓慢朝下，俯拍海景，如图 12-6 所示。无人机在飞行的时候，速度一定要慢，这样录制的视频画面才会比较稳定，一段迷人的海景风光片也就拍摄出来了。

图12-6　将镜头缓慢朝下俯拍海景

109 拍摄城市风光视频

　　城市风光视频的特色主要在于城市的建筑比较恢宏大气，我们可以在平坦、宽阔的地方起飞无人机，将无人机飞得高一些，俯拍整个城市，如图 12-7 所示。

图12-7　俯拍整个城市

通过图传屏幕寻找拍摄点，然后将无人机缓慢地飞行前推拍摄，如图 12-8 所示。

图12-8　飞行前推拍摄城市

110
拍摄家乡风光视频

　　家乡，是我们每个人梦想起飞的地方。航拍乡村风光视频时，山中的雾是乡村风光很重要的一个特点，云雾缭绕可以很好地衬托出乡村风光的美。我们可以由近及远地拍摄视频，也可以由远及近地拍摄视频，如图 12-9 所示。但需要注意的是，一定要确认乡村上空是否有电线干扰无人机信号。

图12-9　由远及近地拍摄乡村的风光

剪映手机版剪辑：
9个功能一键输出电影画面

学 ｜ 习 ｜ 提 ｜ 示

　　剪映手机版是一款非常火热的视频剪辑软件，大部分抖音用户都会用其进行剪辑操作。本章主要介绍如何在剪映手机版中进行基本的后期处理，主要有裁剪时长、添加音乐，以及文字和贴纸等操作。学习这些剪辑技巧，可以让大家在学会无人机航拍之后，还能学会在手机中剪辑视频，快速制作成品视频，并让视频具有电影大片的观感！

111
剪辑功能裁剪时长

【效果展示】在剪映手机版中导入航拍视频后即可用剪辑功能快速裁剪时长，只留下自己想要的片段。效果展示如图 13-1 所示。

图13-1　效果展示

剪辑功能裁剪时长的操作方法如下。

步骤 01　在手机中下载好剪映手机版 App 之后，点击剪映 App 图标，如图 13-2 所示。

步骤 02　打开剪映手机版，点击"开始创作"按钮，如图 13-3 所示。

步骤 03　在"照片视频"界面中选择视频素材；选中"高清"复选框；然后点击"添加"按钮，如图 13-4 所示。

步骤 04　选择视频素材；拖曳时间轴至视频 1s 左右的位置；然后点击"分割"按钮，如图 13-5 所示，分割视频。

步骤 05　选择分割后的第一段视频片段；点击"删除"按钮，如图 13-6 所示。

步骤 06　删除片段之后，拖曳时间轴至视频末尾位置；选择视频素材；然后向左拖曳素材右侧的白色边框至视频相应的位置，继续裁剪视频的时长，使其为 12s，如图 13-7 所示。

图13-2　点击剪映App图标

图13-3　点击"开始创作"按钮

图13-4　点击"添加"按钮

图13-5　点击"分割"按钮

图13-6　点击"删除"按钮

图13-7　拖曳素材的白框

步骤 07　点击 按钮，进入全屏播放界面，在界面中点击 按钮播放视频，如图 13-8 所示。

步骤 08　可以看到视频正在播放，点击 按钮，如图 13-9 所示，可以回到视频编辑界面。

图13-8　点击相应的按钮（1）　　　　图13-9　点击相应的按钮（2）

112
音频功能添加音乐

【效果展示】背景音乐是航拍视频中必不可少的，能为视频增加亮点。在剪映手机版中有多种添加音乐的方式，如从剪映曲库中添加视频、从抖音收藏中添加音乐等，下面将为大家介绍几种添加音乐的方式。画面效果展示如图 13-10 所示。

图13-10　画面效果展示

1. 添加曲库中的音乐

剪映曲库中的音乐类型多样，歌曲非常丰富，添加曲库中音乐的操作方法如下。

添加曲库中的音乐

步骤 01 在剪映手机版中导入一段视频，点击"音频"按钮，如图 13-11 所示。

步骤 02 在弹出的面板中点击"音乐"按钮，如图 13-12 所示。

步骤 03 进入"添加音乐"界面，可以看到里面有各种类型、风格的音乐选项，选择"抖音"选项，如图 13-13 所示。

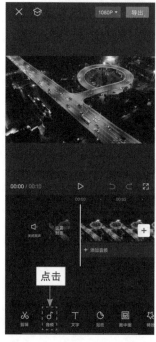

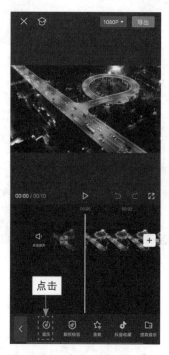

图13-11　点击"音频"按钮　　图13-12　点击"音乐"按钮　　图13-13　选择"抖音"选项

步骤 04 在"抖音"界面中选择一首歌曲进行试听；然后点击音乐右侧的"使用"按钮，如图 13-14 所示，添加音乐。

步骤 05 选择音乐素材；拖曳时间轴至视频末尾位置；然后点击"分割"按钮，分割音乐素材，如图 13-15 所示。

步骤 06 默认选择第二段音乐素材，点击"删除"按钮，删除多余音乐，如图 13-16 所示。

2. 通过搜索关键词添加音乐

在输入栏中输入有关歌曲的关键词并搜索，也可以添加音乐，还可以收藏喜欢的音乐，收藏后在"收藏"选项卡中就能找到该段音乐。通过搜索关键词添加音乐的操作方法如下。

通过搜索关键词添加音乐

步骤 01 导入视频之后，依次点击"音频"按钮和"音乐"按钮，如图 13-17 所示。

步骤 02 进入"添加音乐"界面，点击搜索栏，如图 13-18 所示。

步骤 03 输入关键词并搜索；然后在搜索结果中点击音乐右侧的☆按钮，如图 13-19 所示。

图13-14 点击"使用"按钮

图13-15 点击"分割"按钮

图13-16 点击"删除"按钮

图13-17 点击"音乐"按钮

图13-18 点击搜索栏

图13-19 点击相应的按钮

步骤 04 点亮右侧的星标，即可收藏该段音乐，如图 13-20 所示。

步骤 05 在"添加音乐"界面中切换至"收藏"选项卡；然后点击所选音乐右侧的"使用"按钮，即可添加收藏好的视频音乐，如图 13-21 所示。

图13-20　点亮右侧的星标

图13-21　点击"使用"按钮

3. 运用提取音乐功能添加音乐

运用提取音乐功能可以添加本地视频中的音乐，让添加音乐的方式更加快捷。运用提取音乐功能添加音乐的操作方法如下。

步骤 01 导入视频之后，依次点击"音频"按钮和"提取音乐"按钮，如图 13-22 所示。

步骤 02 在"照片视频"界面中选择要提取音乐的视频；然后点击"仅导入视频的声音"按钮，如图 13-23 所示。

步骤 03 操作完成后即可添加本地视频中的背景音乐，如图 13-24 所示。

运用提取音乐功能添加音乐

💬 专家提醒

在用提取音乐功能添加音乐时，一定要从有音乐的视频中进行提取，否则不会提取成功。

4. 添加抖音收藏中的音乐

抖音和剪映都是字节跳动旗下的软件，因此账号是互通的，在两个软件中登录同一个抖音账号，就可以在剪映应用中添加在抖音中收藏好的音乐。

添加抖音收藏中的音乐的操作方法如下。

添加抖音收藏中的音乐

步骤 01 打开抖音手机版 App，点击右上角的🔍按钮，如图 13-25 所示。

步骤 02 在搜索栏中输入关键词并搜索；切换至"音乐"选项卡；然后在搜索结果中选择相应的音乐，如图 13-26 所示。

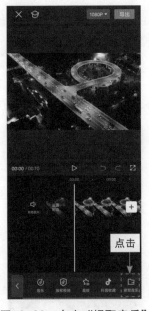

图13-22 点击"提取音乐"按钮

图13-23 点击"仅导入视频的声音"按钮

图13-24 添加背景音乐

步骤 03 进入相应的界面，点击"收藏音乐"按钮，会显示"已收藏"，如图 13-27 所示。

图13-25 点击相应的按钮

图13-26 选择相应的音乐

图13-27 显示"已收藏"

步骤 04 在剪映中导入视频，依次点击"音频"按钮和"抖音收藏"按钮，如图 13-28 所示。

步骤 05 在"抖音收藏"选项卡中点击所选音乐右侧的"使用"按钮，如图 13-29 所示。

专家提醒

除了抖音收藏外，用户还可以在剪映的"导入音乐"选项卡中，提取抖音视频链接中的背景音乐。

步骤 06 即可添加抖音收藏里的音乐，如图 13-30 所示，最后再剪辑音乐的时长。

图13-28　点击"抖音收藏"
按钮

图13-29　点击"使用"
按钮

图13-30　添加音乐

113
添加文字和贴纸

添加文字和
贴纸

【效果展示】为航拍视频添加标题文字，可以让观众快速看懂视频内容。在添加标题文字的时候，可以在剪映手机版中为文字设置一些样式，并且添加相应的贴纸点缀文字，让其更有动感。效果展示如图 13-31 所示。

图13-31　效果展示

添加文字和贴纸的操作方法如下。

步骤 01 在剪映手机版中导入一段视频，点击"文字"按钮，如图 13-32 所示。

步骤 02 在弹出的二级工具栏中点击"新建文本"按钮，如图 13-33 所示。

步骤 03 输入文字内容；然后在"字体"选项卡中展开"书法"选项区并选择字体，如图 13-34 所示。

图13-32 点击"文字"按钮

图13-33 点击"新建文本"按钮

图13-34 选择字体

专家提醒

在新建文本编辑文字的时候，还可以设置一些花字样式和套用一些文字模板，这样可以让文字效果更加美观。

步骤 04 切换至"样式"选项卡；选择一个样式；展开"排列"选项区；设置"字间距"参数为3，稍微扩大字距，如图 13-35 所示。

步骤 05 切换至"动画"选项卡；选择"模糊"入场动画；设置动画时长为1.5s，如图 13-36 所示。

步骤 06 展开"出场"选项区；选择"渐隐"动画，如图 13-37 所示。

步骤 07 点击✔按钮，在文字素材的起始位置点击"添加贴纸"按钮，如图 13-38 所示。

步骤 08 切换至"闪闪"选项卡；选择一款贴纸，如图 13-39 所示。

步骤 09 调整贴纸的画面位置；点击"动画"按钮，如图 13-40 所示。

图13-35 设置"字间距"
参数

图13-36 设置动画
时长（1）

图13-37 选择"渐隐"
动画（1）

图13-38 点击"添加贴纸"
按钮

图13-39 选择一款贴纸

图13-40 点击"动画"按钮

步骤 10 选择"渐显"入场动画；设置动画时长为 1.5s，如图 13-41 所示。

步骤 11 切换至"出场动画"选项卡；选择"渐隐"动画，如图 13-42 所示。

步骤 12 调整文字素材和贴纸的时长，使其都为 6s 左右，如图 13-43 所示。

图13-41　设置动画时长（2）

图13-42　选择"渐隐"
动画（2）

图13-43　调整文字和贴纸
的时长

114 添加视频特效

添加视频
特效

【效果展示】为了让视频开场具有悬疑感，可以为视频添加一些模糊的开场特效；在视频快要结束的时候，还可以添加一些闭幕特效；在视频中间部分也可以添加一些光片特效。这都可以使画面更闪耀一些，增加视频亮点，吸人眼球。效果展示如图13-44所示。

图13-44　效果展示

添加视频特效的操作方法如下。

步骤 01 在剪映手机版中导入一段视频，点击"特效"按钮，如图13-45所示。

步骤 02 在弹出的二级工具栏中点击"画面特效"按钮，如图13-46所示。

步骤 03 切换至"基础"选项卡；选择"变清晰"特效；点击✓按钮确认操作，为视频添加开场特效，如图13-47所示。

图13-45　点击"特效"　　　图13-46　点击"画面特效"　　图13-47　点击相应按钮（1）
　　　　　 按钮　　　　　　　　　　　　按钮（1）

步骤 04 在"变清晰"特效的中间位置点击"画面特效"按钮，如图13-48所示。

步骤 05 切换至"氛围"选项卡；选择"星火炸开"特效；然后点击✓按钮确认操作，如图13-49所示。

步骤 06 在"星火炸开"特效的末尾位置点击"画面特效"按钮，如图13-50所示。

图13-48　点击"画面特效"　　图13-49　点击相应按钮（2）　图13-50　点击相应按钮（3）
　　　　　 按钮（2）

步骤 07 切换至"金粉"选项卡，选择"金粉闪闪"特效；然后点击 ✓ 按钮确认操作，如图 13-51 所示，并调整"金粉闪闪"特效的时长，使其对齐视频的末尾位置。

步骤 08 在视频 7s 左右的位置点击"画面特效"按钮，如图 13-52 所示。

步骤 09 切换至"基础"选项卡，选择"闭幕"特效；然后点击 ✓ 按钮确认操作，为视频添加闭幕特效，如图 13-53 所示。

图13-51 点击相应按钮（4）

图13-52 点击"画面特效"按钮（3）

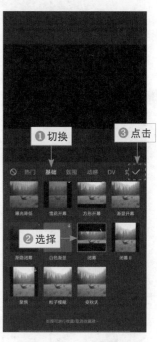

图13-53 点击相应按钮（5）

💬 **专家提醒**

各种特效之间可以叠加添加，在剪映手机版中还可以调整单个特效的参数。

115
为素材添加转场

为素材添加转场

【效果展示】在剪映中有自带的转场效果可供添加，还可以运用"素材库"选项卡中的转场素材制作转场，添加转场之后，可以让素材之间的切换更加流畅和自然，减少观众的视觉疲劳。效果展示如图 13-54 所示。

为素材添加转场的操作方法如下。

步骤 01 在"照片视频"界面中依次选择 3 段视频并选中"高清"复选框；然后点击"添加"按钮，如图 13-55 所示。

步骤 02 点击第 1 段素材与第 2 段素材之间的转场按钮 |，如图 13-56 所示。

图13-54　效果展示

步骤 03 在"转场"面板中切换至"运镜"选项卡；选择"拉远"转场；然后点击 ✓ 按钮确认操作，如图 13-57 所示。

图13-55　点击"添加"按钮

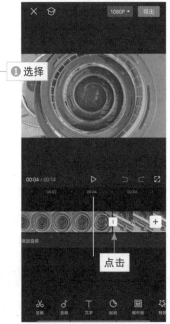

图13-56　点击转场按钮

图13-57　点击相应的按钮

步骤 04 拖曳时间轴至第 2 段素材与第 3 段素材之间的位置；点击"画中画"按钮，如图 13-58 所示。

步骤 05 在弹出的二级工具栏中点击"新增画中画"按钮，如图 13-59 所示。

步骤 06 切换至"素材库"选项卡；展开"转场"选项区；选择转场素材并选中"高清"复选框；然后点击"添加"按钮，如图 13-60 所示。

步骤 07 调整转场素材的画面大小；点击"混合模式"按钮，如图 13-61 所示。

步骤 08 在"混合模式"面板中选择"正片叠底"选项，如图 13-62 所示。

步骤 09 在视频起始位置依次点击"音频"按钮和"抖音收藏"按钮，如图 13-63 所示。

图13-58 点击"画中画"
按钮

图13-59 点击"新增
画中画"按钮

图13-60 点击"添加"
按钮

图13-61 点击"混合
模式"按钮

图13-62 选择"正片
叠底"选项

图13-63 点击"抖音
收藏"按钮

步骤 10 点击所选音乐右侧的"使用"按钮，添加背景音乐，如图 13-64 所示。

步骤 11 选择音频素材，在视频末尾位置点击"分割"按钮，如图 13-65 所示。

步骤 12 默认选择分割后的第 2 段音频素材，点击"删除"按钮，如图 13-66 所示。

图13-64　点击"使用"按钮　　图13-65　点击"分割"按钮　　图13-66　点击"删除"按钮

116 运用抠像功能

【效果展示】在航拍完一些庞大的建筑之后，可以用抠像功能把建筑抠出来，制作抠像转场，让建筑物有种从天而降的感觉。效果展示如图 13-67 所示。

图13-67　效果展示

运用抠像功能的操作方法如下。

步骤 01　在剪映手机版中添加两段视频，选择第 1 段视频；在第 1 段视频的起始位置点击"定格"按钮，如图 13-68 所示。

步骤 02　定格画面之后，点击"复制"按钮，复制定格素材，如图 13-69 所示。

步骤 03　选择第 1 段定格素材；点击"切画中画"按钮，把素材切换至画中画轨道中，如图 13-70 所示。

图13-68 点击"定格"按钮

图13-69 点击"复制"按钮

图13-70 点击"切画中画"按钮

步骤 04 设置两段定格素材的时长都为0.5s；选择画中画轨道中的定格素材；然后点击"抠像"按钮，如图 13-71 所示。

步骤 05 在弹出的工具栏中点击"自定义抠像"按钮，如图 13-72 所示。

步骤 06 默认选择"快速画笔"选项，涂抹画面中的大桥，让大桥变红；然后点击☑️按钮确认抠像操作，如图 13-73 所示。

图13-71 点击"抠像"按钮

图13-72 点击"自定义抠像"按钮

图13-73 点击相应按钮

步骤 07 抠出大桥素材之后，点击"动画"按钮，如图 13-74 所示。

步骤 08 在"动画"面板中选择"向下甩入"入场动画，让抠像掉下来，如图 13-75 所示。

步骤 09 在视频起始位置点击"新增画中画"按钮，如图 13-76 所示。

图13-74　点击"动画"按钮　　图13-75　选择"向下甩入"动画　　图13-76　点击"新增画中画"按钮

步骤 10 在"照片视频"界面中添加一段烟雾素材，如图 13-77 所示。

步骤 11 调整烟雾素材的时长和画面位置之后；点击"混合模式"按钮，如图 13-78 所示。

图13-77　添加一段烟雾素材　　　　　图13-78　点击"混合模式"按钮

步骤 12 在"混合模式"面板中选择"滤色"选项，抠出烟雾，如图 13-79 所示。

步骤 13 用与上述相同的方法，为第 2 段素材进行同样的定格画面、自定义抠像、添加动画和烟雾素材操作设置，如图 13-80 所示。

步骤 14 最后为视频添加合适的背景音乐，如图 13-81 所示。

图13-79 选择"滤色"选项

图13-80 进行同样的操作设置

图13-81 添加背景音乐

117 让照片变成动态视频

让照片变成动态视频

【效果展示】航拍出来的全景照片，可以在剪映手机版中制作成一段动态视频，让照片具有动感。效果展示如图 13-82 所示。

图13-82 效果展示

让照片变成动态视频的操作方法如下。

步骤 01 在"照片视频"界面中添加一张全景照片，如图 13-83 所示。

步骤 02 选择素材；点击"编辑"按钮，如图 13-84 所示。

步骤 03 连续点击"旋转"按钮三次，让画面转正，如图 13-85 所示。

图13-83　添加一张全景照片　　图13-84　点击"编辑"按钮　　图13-85　点击"旋转"按钮

步骤 04 在一级工具栏中点击"比例"按钮，如图 13-86 所示。

步骤 05 选择"16:9"选项，改变画面比例，如图 13-87 所示。

步骤 06 设置照片素材的时长为 12s；在素材起始位置点击⬦按钮添加关键帧；调整素材的画面大小和位置，使画面的最左侧位置为视频的起始位置，如图 13-88 所示。

图13-86　点击"比例"按钮　　图13-87　选择"16:9"选项　　图13-88　调整素材的大小和位置

步骤 07 拖曳时间轴至视频的末尾位置；调整素材的画面位置，使画面的最右侧位置为视频的末尾位置，如图13-89所示。

步骤 08 最后为视频添加合适的背景音乐，如图13-90所示。

图13-89　调整素材的画面位置

图13-90　添加背景音乐

> **专家提醒**
>
> 在剪映手机版中导入的照片素材，时长会默认设置为3s，如果想要制作出稳定的动态视频画面，建议把照片的时长设置到10s以上。

118　为视频添加滤镜调色

当我们用无人机拍摄视频时，视频画面会受到天气和设备的影响，画质可能达不到高清，色彩也会不那么靓丽，整体的视频画面就不会很出彩。为了让视频画面更具有吸引力，我们需要为视频添加滤镜进行调色，下面介绍几种滤镜类型。

1. 添加影视级滤镜

【效果对比】对于日出日落类型的航拍视频，调色思路主要是要凸显其金黄色的光芒，让画面有"金光笼罩"的感觉。效果对比如图13-91所示。

添加影视级
滤镜

添加影视级滤镜的操作方法如下。

步骤 01 导入一段视频，选择视频；然后点击"滤镜"按钮，如图13-92所示。

步骤 02 展开"影视级"选项区；选择"月升之国"滤镜，如图13-93所示。

图13-91　效果对比

图13-92　点击"滤镜"
　　　　　按钮（1）

图13-93　选择"月升之国"
　　　　　滤镜

图13-94　设置"对比度"
　　　　　参数

步骤 03 初步调色之后，切换至"调节"选项卡；选择
"对比度"选项，设置参数为10，增加画面的明暗对比，如
图13-94所示。

步骤 04 选择"色温"选项，设置参数为23，让画面
偏暖色调，如图13-95所示。

步骤 05 选择"HSL"选项，选择橙色选项◯；设
置"色相"参数为-65，"饱和度"参数为84，"亮度"
参数为-40，让画面中橙色色彩更加艳丽，部分参数如
图13-96所示。

步骤 06 在主界面中点击"滤镜"按钮，如图13-97
所示。

步骤 07 展开"风景"选项区；选择"橘光"滤镜；设置
参数为30，叠加滤镜，让画面更加偏橙黄色，如图13-98
所示。

图13-95　设置"色温"参数

图13-96　设置相应的参数

图13-97　点击"滤镜"按钮（2）

图13-98　设置参数为30

2. 添加风景滤镜

【效果对比】无人机在高空俯拍地面风景时，可能由于距离远、光线强等原因，导致画面过度曝光且不清晰，这时可以设置调节参数，并添加风景滤镜为视频调色，让视频画面看起来更加舒服。效果对比如图13-99所示。

添加风景
滤镜

图13-99　效果对比

添加风景滤镜的操作方法如下。

步骤 01　在剪映手机版中导入一段视频，点击"调节"按钮，如图13-100所示。

步骤 02　选择"亮度"选项；设置参数为 -8，稍微降低画面曝光，如图13-101所示。

步骤 03　选择"对比度"选项；设置参数为9，增加画面的明暗对比，如图13-102所示。

步骤 04　选择"饱和度"选项；设置参数为8，让画面色彩更加鲜艳，如图13-103所示。

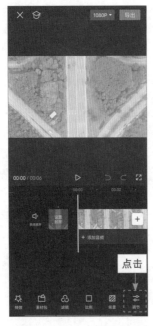

图13-100　点击"调节"按钮

图13-101　设置"亮度"参数

步骤 05 切换至"滤镜"选项卡，展开"风景"选项区，选择"绿妍"滤镜，设置参数为30，让画面色彩更加靓丽，如图13-104所示。

图13-102　设置"对比度"参数

图13-103　设置"饱和度"参数

图13-104　设置参数为30

💬 **专家提醒**

在剪映手机版中还有"城市雨夜""美食""夜景""风格化""复古胶片""人像""基础""露营""室内""黑白"等类型的滤镜可供添加。

119 设置参数导出大片

【效果对比】如何让视频画质变得高清？我们既可以通过调色让画面色彩变得通透一些，还可以在视频导出的时候设置导出高分辨率、高帧率和高码率的参数选项，这样就能导出高清大片。效果对比如图13-105所示。

图13-105 效果对比

设置参数导出大片的操作方法如下。

步骤 01 导入视频素材之后，选择视频素材；点击"调节"按钮，如图13-106所示。

步骤 02 选择"对比度"选项；设置参数为16，让画面更清晰些，如图13-107所示。

步骤 03 设置"饱和度"参数为12，提升画面色彩饱和度，如图13-108所示。

图13-106 点击"调节"按钮　　图13-107 设置"对比度"参数　　图13-108 设置"饱和度"参数

步骤 04 点击✓按钮确认操作，然后点击"设置封面"按钮，如图13-109所示。

步骤 05 默认选择第一帧画面为视频封面，点击"封面模板"按钮，如图 13-110 所示。

步骤 06 切换至"VLOG"选项卡，选择一个封面模板，调整文字和贴纸内容的画面位置，然后点击"保存"按钮，保存封面，如图 13-111 所示。

图13-109　点击"设置　　　图13-110　点击"封面　　　图13-111　点击"保存"
　　封面"按钮　　　　　　　　模板"按钮　　　　　　　　　按钮

步骤 07 在主界面中点击"1080P"按钮，如图 13-112 所示。

步骤 08 在"视频"界面中设置"分辨率""帧率"和"码率"参数为最高选项；然后点击"导出"按钮，导出高清画质的视频，如图 13-113 所示。

图13-112　点击"1080P"按钮　　　图13-113　点击"导出"按钮

第14章

剪映电脑版剪辑：
9招助你成为导演级高手

学 | 习 | 提 | 示

　　在剪映电脑版中剪辑和制作视频非常方便，因为其界面比手机版要大，所以用户可以导入大量的照片素材进行加工，也比手机版剪映更加专业化。本章主要介绍在剪映电脑版中导入和编辑视频的操作以及制作相应的视频效果的内容。希望读者通过本章的学习，可以熟练掌握计算机剪辑视频的核心技巧，制作出专业感十足的电影级视频画面。

120 导入和编辑视频

导入和编辑
视频

【效果对比】在剪映电脑版中导入视频之后，就可以编辑视频，对视频进行裁剪时长和调整画面等处理，最后再导出视频。效果对比如图 14-1 所示。

图14-1 效果对比

导入和编辑视频的操作方法如下。

步骤 01 打开剪映电脑版，在首页单击"开始创作"按钮，如图 14-2 所示。

图14-2 单击"开始创作"按钮

步骤 02 进入"媒体"功能区，在"本地"选项卡中单击"导入"按钮，如图 14-3 所示。

步骤 03 在对话框中选择视频素材；然后单击"打开"按钮，导入视频，如图 14-4 所示。

步骤 04 将鼠标指针移至视频素材右下角的位置，单击"添加到轨道"按钮，如图 14-5 所示。

步骤 05 把视频素材添加到视频轨道中，如图 14-6 所示。

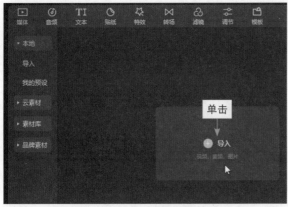

图14-3 单击"导入"按钮

图14-4 单击"打开"按钮

图14-5 单击"添加到轨道"按钮

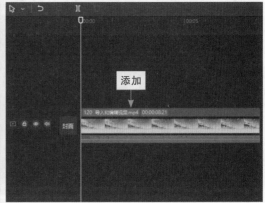

图14-6 把视频素材添加到视频轨道中

步骤 06 拖曳时间指示器至视频 00：00：08：05 的位置，选择视频素材，然后单击"分割"按钮 II，分割素材，如图 14-7 所示。

步骤 07 默认选择分割后的第 2 段素材；单击"删除"按钮 III，删除多余的视频片段，如图 14-8 所示。

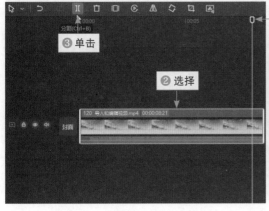

图14-7 单击"分割"按钮

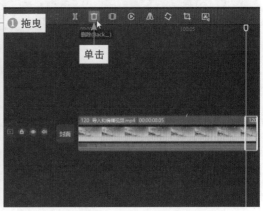

图14-8 单击"删除"按钮

在视频轨道右侧有几个按钮，分别有不同的作用。

🔒 按钮表示"锁定轨道"，可以锁定视频轨道。

👁 按钮表示"隐藏轨道"，隐藏之后，在"播放器"面板中就会看不到视频轨道中素材的视频画面。

🔊 按钮表示"关闭原声"，单击该按钮，可以将视频设置为静音。

步骤 08 拖曳素材最左侧的白色边框至视频 00:00:00:10 的位置，继续裁剪时长，让视频最终时长为 00:00:07:25，如图 14-9 所示。

步骤 09 拖曳时间指示器至视频起始位置；单击"镜像"按钮🔼，翻转视频画面，如图 14-10 所示。

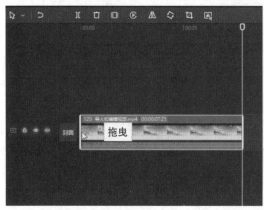

图14-9　拖曳素材的白色边框

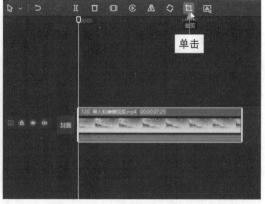

图14-10　单击"镜像"按钮

步骤 10 连续单击"旋转"按钮◇两次，让画面转正，如图 14-11 所示。

步骤 11 单击"裁剪"按钮🔲，如图 14-12 所示。

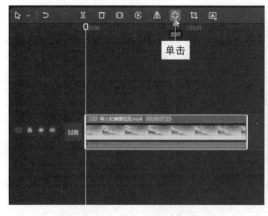

图14-11　单击"旋转"按钮

图14-12　单击"裁剪"按钮

步骤 12 进入"裁剪"面板，拖曳裁剪边框选择裁剪范围；然后单击"确定"按钮，如图 14-13 所示。

图14-13 单击"确定"按钮

步骤 13 裁剪画面之后，单击界面右上角的"导出"按钮，如图 14-14 所示，把视频导出来。

图14-14 单击"导出"按钮（1）

步骤 14 输入"作品名称"；单击"导出至"右侧的 📁 按钮，设置视频存储位置；然后单击"导出"按钮，如图 14-15 所示。

步骤 15 在"导出"界面中可以查看视频导出的进度，如图 14-16 所示。

步骤 16 导出完成后，可以把视频分享到抖音或者西瓜视频社交平台，如果不分享，直接单击"关闭"按钮即可，如图 14-17 所示。

图14-15　单击"导出"按钮（2）

图14-16　查看视频导出的进度

图14-17　单击"关闭"按钮

121
倒放和进行防抖操作

【效果展示】对视频进行倒放处理，可以让时光倒流，如车辆会逆向行驶；对于无人机拍摄的视频，由于高空风力的原因，可能会有轻微的抖动，这时可以利用剪映中的视频防抖功能，对视频进行防抖处理，让画面变稳定；在剪映电脑版中也可以设置封面。效果展示如图 14-18 所示。

倒放和进行
防抖操作

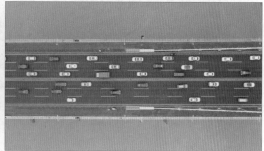

图14-18　效果展示

倒放和进行视频防抖的操作方法如下。

步骤 01　在剪映电脑版中把视频素材添加到视频轨道中，选择视频素材；单击"倒放"按钮 ⓒ，如图 14-19 所示。

步骤 02　弹出片段倒放进度提示，如图 14-20 所示，缓冲完成之后就可以倒放视频。

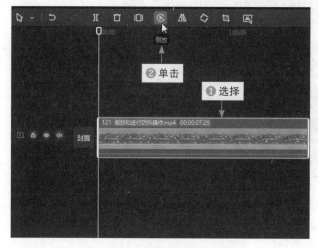

图14-19　单击"倒放"按钮　　　　图14-20　弹出片段倒放进度提示

步骤 03　在"画面"操作区中的"基础"选项卡中，选中"视频防抖"复选框；默认选择"推荐"防抖等级选项，为视频进行防抖操作，如图 14-21 所示。

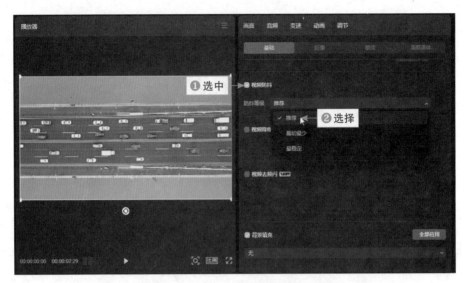

图14-21　选择"推荐"防抖等级选项

💬 专家提醒

　　剪映中的视频防抖等级有三级。"推荐"等级是最常用的防抖级别；"裁切最少"等级会让视频画面边缘裁切面积变少；"最稳定"等级会影响画质。

步骤 04 防抖处理完成后，在视频轨道中单击"封面"按钮，如图 14-22 所示。

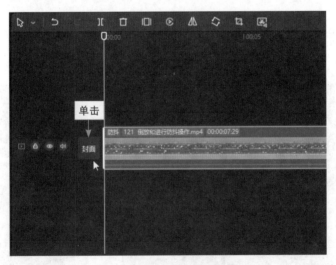

图14-22　单击"封面"按钮

步骤 05 在"封面选择"面板中选择一帧画面作为封面；单击"去编辑"按钮，如图 14-23 所示。

步骤 06 在"封面设计"面板中默认选择"模板"选项卡，展开"影视"选项区；选择封面模板；更改文字内容；单击"完成设置"按钮，即可设置封面，并为视频添加合适的背景音乐，如图 14-24 所示。

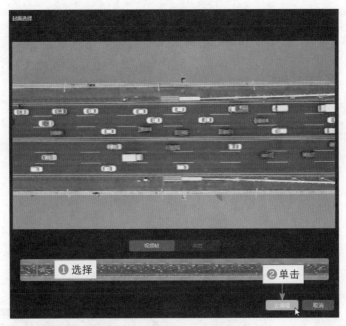

图14-23　单击"去编辑"按钮

图14-24　单击"完成设置"按钮

智能补帧让
变速更自然

122
智能补帧让变速更自然

【效果展示】剪映中的"变速"功能有常规变速和曲线变速两种设置。曲线变速有相应的变速模板可选；常规变速则可以让视频的播放速度变快或者变慢，在对视频进行慢速处理的时候，可以进行智能补帧操作，让播放画面流畅、不卡顿。效果展示如图 14-25 所示。

图14-25　效果展示

智能补帧让变速更自然的操作方法如下。

步骤 01 在剪映电脑版中把视频素材添加到视频轨道中，如图 14-26 所示。

步骤 02 选择视频素材，在"变速"操作区中切换至"曲线变速"选项卡；然后选择"英雄时刻"选项，查看视频变速效果，如图 14-27 所示。

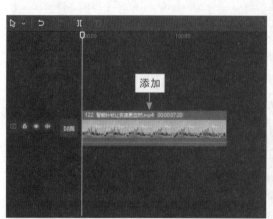

图14-26　把视频素材添加到视频轨道中

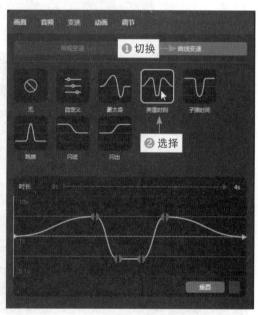

图14-27　选择"英雄时刻"选项

步骤 03 如果对变速效果不是很满意，则选择"无"选项，如图 14-28 所示。

步骤 04 在"变速"操作区中切换至"常规变速"选项卡；设置"倍数"参数为"0.8x"，放慢视频播放速度；选中"智能补帧"复选框，默认选择"帧融合"选项，让视频播放得更流畅一些，如图 14-29 所示。

步骤 05 在视频轨道中可以看到视频的时长也变长了，如图 14-30 所示。最后为视频添加合适的背景音乐即可。

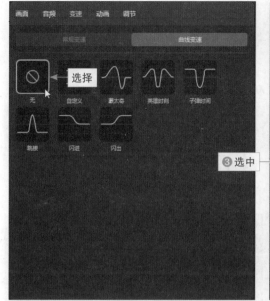

图14-28 选择"无"选项　　　　图14-29 选中"智能补帧"复选框

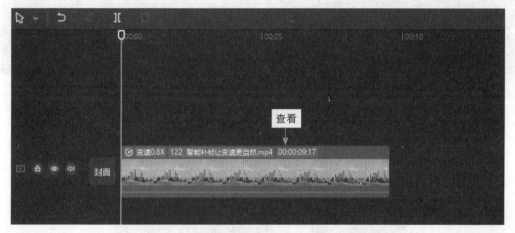

图14-30 视频时长变长

为视频添加
会动的水印

123
为视频添加会动的水印

【效果展示】当需要把视频投放在短视频平台上时，用户可以在剪映中为视频添加会动的水印，这样就能防止视频被盗，并为自己的账号进行引流。效果展示如图14-31所示。

为视频添加动态水印的操作方法如下。

步骤01 在剪映电脑版中把视频素材添加到视频轨道中，单击"文本"按钮，进入"文本"功能区；单击"默认文本"右下角的"添加到轨道"按钮，如图14-32所示。

图14-31　效果展示

步骤 02 调整"默认文本"的时长，使其对齐视频的时长，如图 14-33 所示。

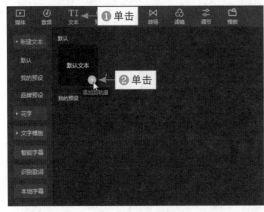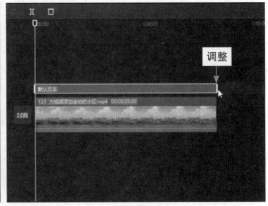

图14-32　单击"添加到轨道"按钮　　　　**图14-33　调整"默认文本"的时长**

步骤 03 在"基础"选项卡中输入文字并选择合适的字体，如图 14-34 所示。

图14-34　选择合适的字体

步骤 04 在"位置大小"右侧添加关键帧◆；调整文字的大小和位置；然后设置"不透明度"参数为 50%，让文字颜色变浅一些，并处于画面的左下角，如图 14-35 所示。

步骤 05 拖曳时间指示器至视频末尾位置，调整文字的位置，使其处于画面的右下角，制作水印文字由左向右移动的效果，如图 14-36 所示。

步骤 06 单击"动画"按钮，进入"动画"操作区；切换至"循环"选项卡，选择"闪烁"动画；设置"动画快慢"为 5.0s，减慢文字动画的播放速度，如图 14-37 所示。

图14-35 设置"不透明度"参数

图14-36 调整文字的位置

图14-37 设置"动画快慢"为5.0s

124 借用 LUT 预设调色

虽然 LUT 这个工具看起来很复杂，但它和滤镜有一些相似，它们都是调色的模板。在剪映中，可以通过导入 LUT 并应用到视频画面中进行调色。下面介绍几种 LUT 调色效果。

1. 跨江大桥视频调色

【效果对比】在这段跨江大桥视频中，可以看到这座大桥主要是以橙色为主，因此可以借用 LUT 工具调出青橙色调，让画面色彩感更强。效果对比如图 14-38 所示。

跨江大桥
视频调色

图14-38　效果对比

跨江大桥视频调色的操作方法如下。

步骤 01　在剪映电脑版中把视频素材添加到视频轨道中，单击"调节"按钮，进入"调节"功能区；然后切换至 LUT 选项卡，单击"导入"按钮，如图 14-39 所示。

步骤 02　在对话框中选择多个 LUT 文件，单击"打开"按钮，如图 14-40 所示。

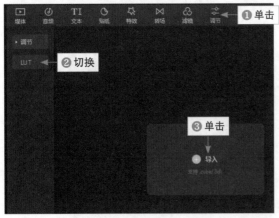

图14-39　单击"导入"按钮　　　　图14-40　单击"打开"按钮

步骤 03　单击所选 LUT 右下角的"添加到轨道"按钮 ，添加 LUT，如图 14-41 所示。

步骤 04　调整"调节 1"的时长，使其对齐视频的时长；然后选择视频，如图 14-42 所示。

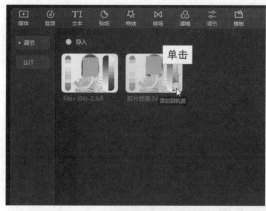

图14-41 单击"添加到轨道"按钮

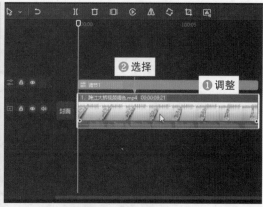

图14-42 选择视频

步骤 05 单击"调节"按钮，进入"调节"操作区，设置"亮度"参数为−11，"对比度"参数为8，"光感"参数为5，调整视频画面的亮度，如图14-43所示。

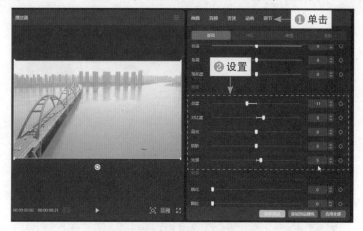

图14-43 设置相应的参数（1）

步骤 06 设置"色温"参数为−6，"色调"参数为−6，"饱和度"参数为14，让视频画面色彩偏冷色调，且更加鲜艳，如图14-44所示。

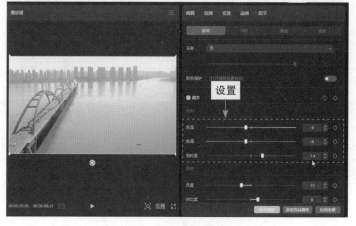

图14-44 设置相应的参数（2）

步骤 07 切换至"HSL"选项卡，选择橙色选项 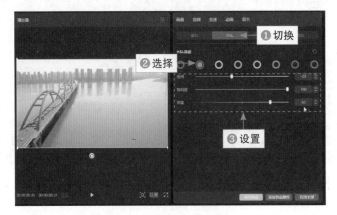；设置"色相"参数为 −23，"饱和度"参数为 100，"亮度"参数为 62，让橙色大桥的色彩更加明艳，如图 14-45 所示。

图14-45 设置相应的参数（3）

步骤 08 选择青色选项 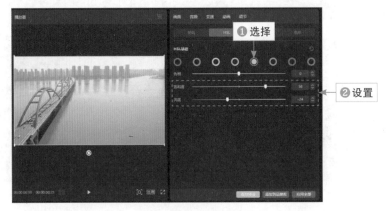，设置"饱和度"参数为 58，"亮度"参数为 −24，让江面偏青色，如图 14-46 所示。

图14-46 设置相应的参数（4）

步骤 09 选择蓝色选项 ，设置"色相"参数为 −10，"饱和度"参数为 18，再增强青色，让青橙色彩对比更明显，如图 14-47 所示。

图14-47 设置相应的参数（5）

2. 转盘立交桥视频调色

【效果对比】：对于一些绿植占比比较大的视频，在调色的时候可以选择带有绿调的 LUT，突出绿色，调出一幅充满生机和春意盎然的画面。效果对比如图 14-48 所示。

转盘立交桥
视频调色

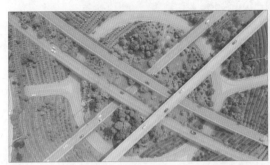

图14-48　效果对比

转盘立交桥视频调色的操作方法如下。

步骤 01　在剪映电脑版中把视频素材添加到视频轨道中，单击"调节"按钮，进入"调节"功能区；切换至 LUT 选项卡；单击所选 LUT 右下角的"添加到轨道"按钮，如图 14-49 所示。

步骤 02　调整"调节 1"的时长，使其对齐视频的时长；然后选择视频，如图 14-50 所示。

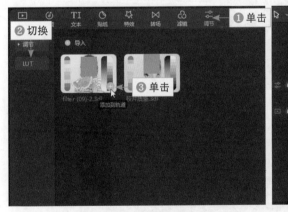
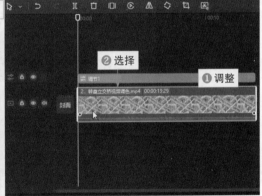

图14-49　单击"添加到轨道"按钮　　　　图14-50　选择视频

步骤 03　单击"调节"按钮，进入"调节"操作区；设置"亮度"参数为 -6，"对比度"参数为 16，"高光"参数为 9，"阴影"参数为 6，"光感"参数为 -10，"锐化"参数为 3，降低曝光，增强明暗对比，让画面更清晰，如图 14-51 所示。

步骤 04　设置"色调"参数为 -6，"饱和度"参数为 5，让画面偏绿色，如图 14-52 所示。

步骤 05　切换至"曲线"选项卡；在"亮度"面板中向上微微拖曳白色的曲线，微微提亮中间亮部的区域，如图 14-53 所示。

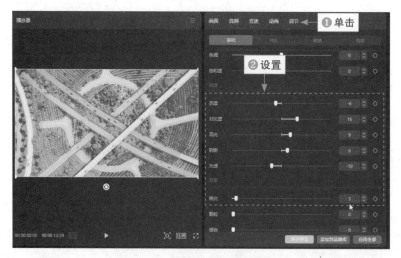

图14-51　设置相应的参数（1）

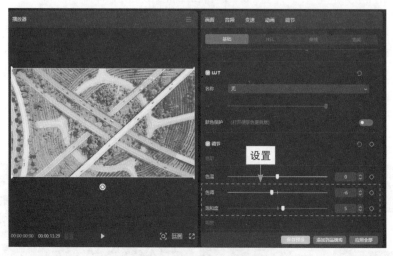

图14-52　设置相应的参数（2）

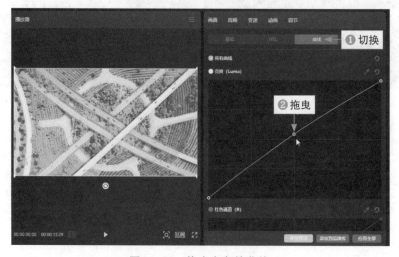

图14-53　拖曳白色的曲线

步骤 06 切换至"色轮"选项卡，默认选择"一级色轮"，设置"暗部"色轮的参数分别为 -0.05、0.02、0.00，让画面偏绿调，如图 14-54 所示。

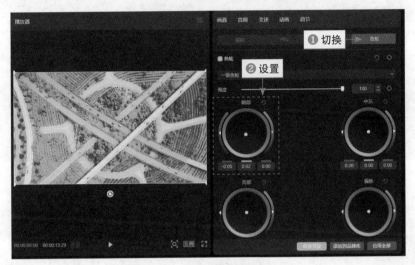

图14-54 设置相应的参数（3）

制作定格卡点视频

125
制作定格卡点视频

【效果展示】在用多段航拍视频制作成品视频时，可以根据卡点音乐和音效，制作拍照定格卡点视频，定格视频中最精彩的那一帧画面。效果展示如图 14-55 所示。

图14-55 效果展示

制作定格卡点视频的操作方法如下。

步骤 01 全选视频；单击第 1 段视频的"添加到轨道"按钮，如图 14-56 所示。

步骤 02 在第 1 段视频的末尾位置单击"定格"按钮，定格画面，如图 14-57 所示。

步骤 03 调整定格素材的轨道位置，使其处于画中画轨道中，如图 14-58 所示。

步骤 04 用同样的方法定格第 2 段视频的末尾画面，并调整其轨道位置，如图 14-59 所示。

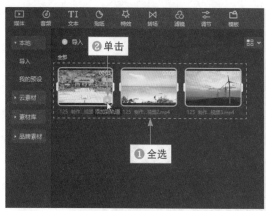

图14-56　单击"添加到轨道"按钮（1）

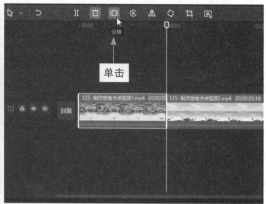

图14-57　单击"定格"按钮

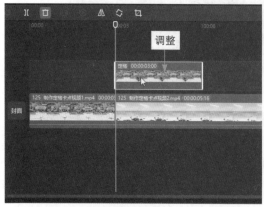

图14-58　调整定格素材的轨道位置

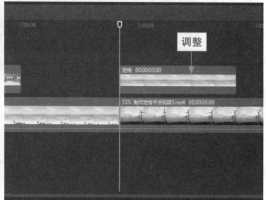

图14-59　调整定格素材的位置

步骤 05 选择画中画轨道中的第 1 段定格素材，在"位置大小"右侧添加关键帧 ◆；设置"缩放"参数为 50%，缩小画面，如图 14-60 所示。

图14-60　设置"缩放"参数

步骤 06 拖曳时间指示器至定格素材中间的位置，设置"旋转"参数为 20°，旋转画面，如图 14-61 所示。

图14-61 设置"旋转"参数

步骤 07 拖曳时间指示器至定格素材的末尾位置，调整定格素材的画面位置，使其处于画面的最下方，制作出定格画面降落消失的效果，如图 14-62 所示。

图14-62 调整定格素材的画面位置

步骤 08 用与上面同样的方法，调整画中画轨道中第 2 段定格素材的大小，并添加相应的关键帧，如图 14-63 所示；然后再设置旋转角度，调整画面位置，使其也降落消失。

步骤 09 拖曳时间指示器至第 1 段定格素材前面一点的位置，如图 14-64 所示。

步骤 10 单击"音频"按钮，进入"音频"功能区，在"音效素材"选项卡中展开"机械"选项区；单击"拍照声 1"音效右下角的"添加到轨道"按钮，如图 14-65 所示。

图14-63　调整第2段定格素材

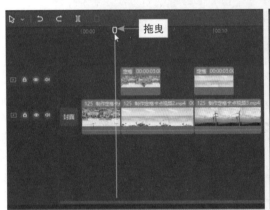

图14-64　拖曳时间指示器至相应的位置

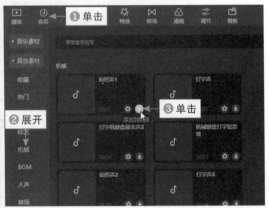

图14-65　单击"添加到轨道"按钮（2）

步骤 11　在第2段定格素材前面一点的位置也添加"拍照声1"音效，如图14-66所示。

步骤 12　在视频起始位置切换至"特效"功能区；在"画面特效"选项卡中展开"基础"选项区；单击"变清晰"特效右下角的"添加到轨道"按钮 ，如图14-67所示。

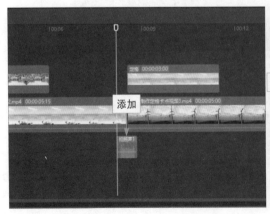

图14-66　添加"拍照声1"音效

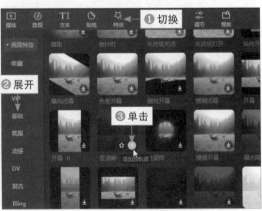

图14-67　单击"添加到轨道"按钮（3）

步骤 13 在第2段定格素材的前面添加同样的"变清晰"特效，如图14-68所示。

步骤 14 在视频起始处单击"音频"按钮，进入"音频"功能区；在"音乐素材"选项卡中展开"收藏"选项区；单击所选音乐的"添加到轨道"按钮，如图14-69所示。

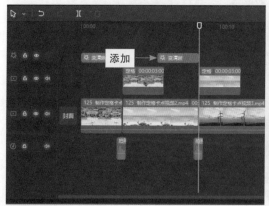

图14-68 添加"变清晰"特效

图14-69 单击"添加到轨道"按钮（4）

步骤 15 选择音频素材；在视频末尾位置单击"分割"按钮，如图14-70所示。

步骤 16 默认选择第2段音频素材，单击"删除"按钮，剪辑音频，如图14-71所示。

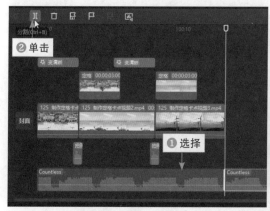

图14-70 单击"分割"按钮

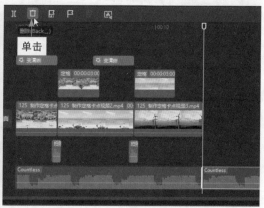

图14-71 单击"删除"按钮

126 添加解说字幕

【效果展示】当我们要对航拍视频中的具体内容作介绍时，可以添加相应的解说字幕，让观众快速理解视频内容。效果展示如图14-72所示。

添加解说字幕

图14-72 效果展示

添加解说字幕的操作方法如下。

步骤01 把视频素材添加到视频轨道中，切换至"文本"功能区；在"智能字幕"选项卡中单击"识别字幕"选项右下角的"开始识别"按钮；识别文字，如图 14-73 所示。

图14-73 识别出文字

步骤02 在"文本"操作区中选择字体；设置"字号"参数为 8；选择"预设样式"并更改相应的错字，如图 14-74 所示。

图14-74 更改相应的错字

第14章 剪映电脑版剪辑：9招助你成为导演级高手

127
制作电影感片头

制作电影感片头

【效果展示】为视频添加电影感特效可以让视频画幅具有电影感，还可以添加一些文字模板，制作电影感片头。效果展示如图 14-75 所示。

图14-75　效果展示

制作电影感片头的操作方法如下。

步骤 01 添加视频素材到视频轨道中，切换至"特效"功能区；展开"电影"选项区；单击"电影感"特效右下角的"添加到轨道"按钮，如图 14-76 所示。

步骤 02 调整"电影感"特效的时长，使其对齐视频的时长，如图 14-77 所示。

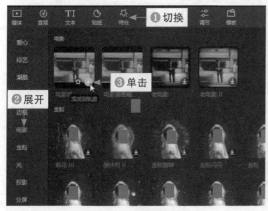
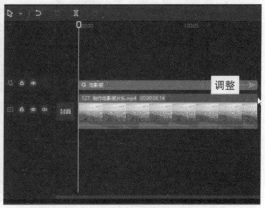

图14-76　单击"添加到轨道"按钮（1）　　　　图14-77　调整"电影感"特效的时长

步骤 03 切换至"文本"功能区；在"文字模板"选项卡中展开"片头标题"选项区；单击所选文字模板右下角的"添加到轨道"按钮，添加文字，如图 14-78 所示。

步骤 04 调整文字素材的时长，使其对齐视频的时长，如图 14-79 所示。

步骤 05 更改文字内容；设置"缩放"参数为 70%，缩小文字，如图 14-80 所示。

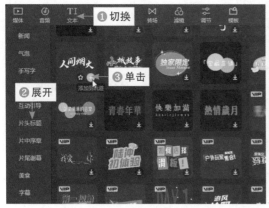

图14-78 单击"添加到轨道"按钮（2）

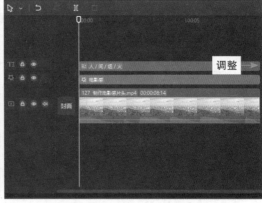

图14-79 调整文字素材的时长

图14-80 设置"缩放"参数

128 制作求关注片尾

制作求关注片尾

【效果展示】在视频的末尾位置可以添加特色求关注片尾，提醒观众在看完视频之后关注你的视频账号。效果展示如图14-81所示。

制作求关注片尾的操作方法如下。

步骤 01 全选素材；单击第1段视频的"添加到轨道"按钮，如图14-82所示。

步骤 02 把视频素材和头像素材依次添加到视频轨道中，如图14-83所示。

步骤 03 拖曳时间指示器至头像素材的起始位置，切换至"素材库"选项卡；搜索"片尾"；在搜索结果中长按并拖曳相应的片尾素材，如图14-84所示。

图14-81 效果展示

图14-82 单击"添加到轨道"按钮

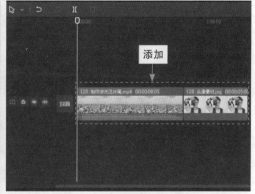

图14-83 把素材添加到视频轨道中

步骤 04 拖曳片尾删除至画中画轨道中，调整头像素材的时长，如图14-85所示。

图14-84 长按并拖曳相应的片尾素材

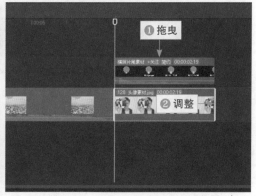

图14-85 调整头像素材的时长

步骤 05 选择片尾素材，在"画面"功能区中切换至"抠像"选项卡；选中"色度抠图"复选框，单击"取色器"按钮 ，在画面中取样绿色；设置"强度"参数为61，"阴影"参数为7，抠除绿幕，如图14-86所示。

步骤 06 选择头像素材，调整素材的画面大小和位置，制作求关注片尾，如图14-87所示。

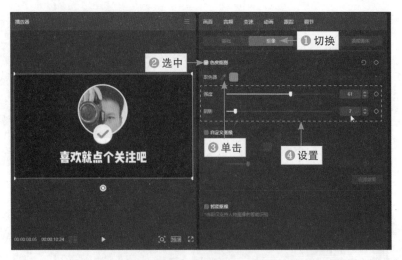

图14-86 设置相应的参数

图14-87 调整素材的画面大小和位置